Christoph Speck

Automatisierte Auswertung forensischer Spuren auf Patronenhülsen

**Schriftenreihe
Institut für Mess- und Regelungstechnik,
Universität Karlsruhe (TH)**

Band 014

Automatisierte Auswertung forensischer Spuren auf Patronenhülsen

von
Christoph Speck

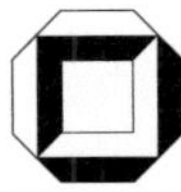

universitätsverlag karlsruhe

Dissertation, Universität Karlsruhe (TH)
Fakultät für Maschinenbau, 2009

Impressum

Universitätsverlag Karlsruhe
c/o Universitätsbibliothek
Straße am Forum 2
D-76131 Karlsruhe
www.uvka.de

Universitätsverlag Karlsruhe 2009
Print on Demand

ISSN: 1613-4214
ISBN: 978-3-86644-365-5

Automatisierte Auswertung forensischer Spuren auf Patronenhülsen

Zur Erlangung des akademischen Grades eines

Doktors der Ingenieurwissenschaften

der Fakultät für Maschinenbau
Universität Karlsruhe (TH)
genehmigte

Dissertation

von

DIPL.-ING. CHRISTOPH SPECK

Tag der mündlichen Prüfung: 09. März 2009
Hauptreferent: Prof. Dr.-Ing. C. Stiller
Korreferent: Prof. Dr.-Ing. J. Beyerer

Vorwort

Die vorliegende Dissertation entstand während meiner Tätigkeit am Institut für Mess- und Regelungstechnik der Universität Karlsruhe (TH). Die Arbeit wurde durch Prof. Dr.-Ing. Christoph Stiller betreut. Ich danke ihm herzlich für die Unterstützung und die hilfreichen Hinweise zur Arbeit.

Herrn Prof. Dr.-Ing. Jürgen Beyerer gilt mein Dank für die Übernahme des Korreferats und das große Interesse an meiner Arbeit.

Ich möchte mich beim Bundeskriminalamt Wiesbaden für die langjährige, finanzielle Unterstützung der Forschung des Instituts im Bereich der Forensik bedanken. Stellvertretend möchte ich Herrn Ruprecht Nennstiel, Herrn Bert Weimar und Herrn Dirk Herrmann für die vielen Anregungen und Diskussionen in netter und kooperativer Atmosphäre sowie die tiefen Einblicke in die Kriminaltechnik danken.

Mein besonderer Dank gilt Christian Duchow, Carsten Hasberg, Holger Rapp, Frank-Stefan Müller, Oliver Pink sowie Annick Charles für die vielen Hinweise und Vorschläge bei der Durchsicht meiner Arbeit.

Allen Kollegen des Instituts danke ich für den offenen Umgang, die nette und hilfsbereite Atmosphäre und die fruchtbaren Diskussionen. Dem Sekretariat, Frau Sieglinde Klimesch, Frau Silke Rittershofer sowie Frau Erna Nagler danke ich für die Hilfe in organisatorischen Angelegenheiten. Ebenfalls zu Dank verpflichtet bin ich den Vertretern der Werkstätten, die mich beim Bau und der Erweiterung der Bildererfassungsstation umfassend unterstützten. Gleicher Dank gilt Herrn Werner Paal für die stets unkomplizierte Hilfestellung und Unterstützung bei jeglichen Themen im Rechner- und Softwarebereich.

Zuletzt danke ich meinen Studien- und Diplomarbeitern sowie den studentischen Hilfskräften für ihre Beiträge zu dieser Arbeit.

Karlsruhe, im Mai 2009   Christoph Speck

Kurzfassung

Aufgabe der Kriminaltechnik ist der Nachweis von Zusammenhängen zwischen den am Tatort gefundenen Spuren und einem Tatverdächtigen. Aufgrund der Schwere der Taten ist bei Schusswaffendelikten das Interesse des Staates an einer Aufklärung einer Tat sehr hoch. Durch die Größe der Spurensammlungen ist der visuelle Vergleich durch Kriminaltechniker sehr aufwendig. Daher wird an Systemen gearbeitet, die eine automatisierte Vorsortierung der Spuren durchführen.

Ziel dieser Arbeit ist es, für den visuellen und automatisierten Vergleich geeignete Daten von Patronenhülsen zu erzeugen und in einer Datenbank vorzuhalten sowie die Bereiche des Hülsenbodens automatisiert zu markieren, die Spuren des Stoßbodens der Waffe enthalten können.

Dazu werden aus Beleuchtungsserien des Hülsenbodens mit Hilfe eines Fusionsverfahrens Merkmalsbilder für den Vergleich und die Segmentierung erzeugt. Eine Kreisschätzung mittels einer verbesserten *Randomized-Hough-Transform* und eine *Fuzzy-Klassifikation* bestimmen den Hülsenrand, das Zündhütchen und den Schlagbolzeneindruck. Es werden verschiedene Segmentierungsverfahren auf Basis des *Connected-Component-Labeling* und der *Graph-based Image Segmentation* sowie musterbasiert mit Korrelationsverfahren vorgestellt, mit denen sich die für den Vergleich der Spuren irrelevanten Bereiche des Bodenstempels aus dem Bild entfernen lassen. Die Leistungsfähigkeit der Verfahren wird anhand experimenteller Untersuchungen belegt. Die Arbeit schließt mit einem Ausblick auf für einen Vergleich nutzbaren Merkmale und Ähnlichkeitsmaße.

Schlagworte: Patronenhülse – Segmentierung – Vergleich – Kriminaltechnik – Kreisschätzung – Klassifikation – Korrelation – Randomized-Hough-Transform

Abstract

The aim of forensic science is to proof connections between traces found on crime sites and suspects. Due to the cruelty of gun crimes there is a great interest in the clarification of these kinds of incidents. There exist huge collections of court exhibits that prevent forensic experts from doing a fast and extensive visual comparison. Therefore, systems for the automated comparison and sorting of gun marks are developed.

Subject of this dissertation is the acquisition, preprocessing and the storage of cartridge case data in a database for the visual and automated comparison. Furthermore, an automated segmentation is realized that labels the areas of the cartridge case bottom where marks of the weapon could exist.

Illumination series of the cartridge case bottom are fused to create feature images for the comparison and segmentation. The *randomized hough transform* has been improved and is used for detecting circles. A *fuzzy classification* of the circles identifies the cartridge case border, primer and firing pin impression. Several segmentation algorithms based on *connected-component-labeling* and *graph-based image segmentation* as well as correlation-based techniques are presented that are able to remove comparison-irrelevant image parts.

The performances of the methods are substantiated by experimental results. The work concludes with an outlook to features and similarity measures for an automated comparison.

Keywords: cartridge case – segmentation – comparison – forensic science – circle estimation – classification – correlation – randomized hough transform

Inhaltsverzeichnis

Symbolverzeichnis

Abkürzungen

BKA	Bundeskriminalamt
SVM	Support Vector Machine
MRT	Institut für Mess- und Regelungstechnik
LS	Least-Squares, Methode der kleinsten Fehlerquadrate
OLS	Ordinary Least Squares
HT	Hough-Transform
RHT	Randomized-Hough-Transform
RANSAC	Random-Sample-Consensus
PHT	Probabilistic-Hough-Transform
RCD	Randomized-Circle-Detection
DFT	Diskrete Fourier-Transformation
KKF	Kreuzkorrelationsfunktion
CCL	Connected-Component-Labeling
RP	richtig positiv
FP	falsch positiv
RN	richtig negativ
FN	falsch negativ
MKK	Matthews-Korrelations-Koeffizient
HDRI	High Dynamic Range Image, Bild erweiterten Dynamikumfangs
LDRI	Low Dynamic Range Image, Bild niedrigen Dynamikumfangs
DRI	Dynamic Range Increase, Erweiterung des Dynamikumfangs

Notationsvereinbarungen

Skalare	nicht fett, kursiv: $a, b, c, \ldots$
Vektoren	fett, klein: $\mathbf{a}, \mathbf{b}, \mathbf{c}, \ldots$

Matrizen	fett, groß: $\mathbf{A}$, $\mathbf{B}$, $\mathbf{C}$, …
Mengen	kalligraphisch, groß: $\mathcal{A}$, $\mathcal{B}$, $\mathcal{C}$, …
Konstanten, Bezeichner	nicht kursiv: a, b, c, …

Symbole

$\circledast$	Korrelationsoperator
$\wedge$	Konjunktion
$\lVert \cdot \rVert$	euklidische Norm
$\lfloor \cdot \rfloor$	nächstkleinere ganze Zahl
α	Faktor zur Beschreibung der Einflüsse von Bildrauschen auf die RHT
γ_v	Maß für die Vollständigkeit eines Kreises
γ_g	Maß für den mittleren Gradienten eines Kreises
γ_e	Maß für die Exzentrizität eines Kreises
δ	Breite der Umgebung einer Kurve
δ_r	Toleranz, Abstand zum Kreis
$\delta_{r,\mathrm{min}}$	minimale Toleranz bei der Kreisprüfung
$\delta_{r,\mathrm{Hough}}$	Toleranz der Kreisprüfung und Kantenextraktion bei der RHT
$\boldsymbol{\epsilon}$	Fehlervektor des LS-Schätzers
$\eta(\hat{\mathbf{x}})$	Summe der Residuenquadrate
θ	Elevationswinkel der Beleuchtung
θ'	Elevation der Beleuchtung
ϑ	Radiuskoordinate in Polarkoordinaten
λ_1, λ_2	Eigenwerte des Strukturtensors
μ_X	Mittelwert der Zufallsvariable X
$\nu(x)$	Fehlerkriterium des M-Estimators
ρ_{XY}	Korrelationskoeffizient der Zufallsvariablen X, Y
σ_X	Standardabweichung der Zufallsvariable X
σ_0	mittlerer Fehler der LS-Schätzung
$\hat{\sigma}_0$	Schätzung des mittleren Fehlers
$\hat{\sigma}_{r,\mathrm{Hough}}$	geschätzte Standardabweichung des Radius im Hough-Raum
$\boldsymbol{\tau} = (\tau_x, \tau_y)^{\mathrm{T}}$	Verschiebung zwischen zwei Bildern

$v(.)$	Zugehörigkeitsfunktionen bei der unscharfen Klassifikation
$\Phi(X, Y)$	Korrelation der Zufallsvariablen X, Y
ϕ	Drehwinkel
φ	Azimut der Beleuchtung
$\chi(\mathbf{x})$	Phase des Orientierungsoperator
$\psi(x)$	Einflussfunktion des M-Estimators
$\mathbf{A}$	Designmatrix des LS-Schätzers
$a_g, b_g, a_e, b_e, a_v, b_v$	charakteristische Werte der Zugehörigkeitsfunktionen
$\mathbf{b} = (b_1, b_2, \ldots, b_m)^\mathrm{T}$	Beobachtungsvektor des LS-Schätzers
$b(\mathbf{x})$	Betrag des Orientierungsoperator
c	Konstante in der Cauchy-Funktion des M-Estimators
$c_c(\mathbf{x})$	Kohärenz des Strukturtensors
$\mathbf{c} = (a, b)^\mathrm{T}$	Koordinaten des Kreismittelpunkts
$\mathbf{c}_{\mathrm{ref}}$	Mittelpunkt des Referenzkreises
$\operatorname{cov}\{X, Y\} = \sigma_{XY}$	Kovarianz der Zufallsvariablen X, Y
$\mathbf{d} = (p_x, p_y)^\mathrm{T}$	Koordinaten eines Datenpunkts d
$\mathrm{DFT}\{.\}$	diskrete Fourier-Transformation
$\mathrm{DFT}^{-1}\{.\}$	inverse diskrete Fourier-Transformation
$\mathrm{E}\{.\}$	Erwartungswert
$F(.)$	kumulative Verteilungsfunktion
FPR	Falsch-Positiv-Rate
$\mathcal{F}\{.\}$	Fourier-Transformation
$\mathcal{F}^{-1}\{.\}$	inverse Fourier-Transformation
$G(\omega) = \mathcal{F}\{g(\mathbf{x})\}$	Fourier-Transformierte des Bildes g
$G^*(\omega)$	$G(\omega)$ konjungiert komplex
g, h	Grauwertbilder
$g(\mathbf{x})$	Grauwert des Bildes g an der Stelle $\mathbf{x}$
g_{st}	standardisiertes Bild; mittelwertfrei und durch Standardabweichung geteilt
$g(\phi, \vartheta)$	Grauwertbild in Polarkoordinaten
$g_{\mathrm{st}}(\phi, \vartheta)$	standardisiertes Grauwertbild in Polarkoordinaten
$g(\mathbf{x}, \varphi)$	Intensität an der Bildkoordinate $\mathbf{x}$ und dem Azimut der Beleuchtung φ

$\bar{g}_\varphi(\mathbf{x})$	Mittelwert des Intensitätsverlaufs über der Beleuchtungsserie
$\frac{\partial \mathbf{g}(\mathbf{x})}{\partial x_1}$	Ableitung Bildes in x_1-Richtung an der Stelle $\mathbf{x}$
$\mathbf{H}_h$	Transformationsmatrix der Helmert-Transformation
$\mathbf{J}$	Jacobi-Matrix
k	Für die Berechnung eines Parametersatzes benötigte minimale Anzahl Parameter
k_{xy}	Schätzung des Korrelationskoeffizienten
$k_{gh}(\boldsymbol{\tau})$	Schätzung des Kreuzkorrelationskoeffizienten zweier Bilder g und h für die Verschiebung $\boldsymbol{\tau}$
k_{GB}	Parameter der *Graph-based Image Segmentation* für die bevorzugte Flächengröße
$k_b(\boldsymbol{\tau})$	Korrelationskoeffizient des Betrags
$k_{c_c}(\boldsymbol{\tau})$	Korrelationskoeffizient der Kohärenz
$k_\chi(\boldsymbol{\tau})$	Korrelationskoeffizient der Phase
$k_{ST}(\boldsymbol{\tau})$	Gesamtkorrelationskoeffizient des Strukturtensors
l	Nummer der Iteration bei der Iterativen Berechnung des LS
m	Anzahl der Datenpunkte bei der RHT, Anzahl Beobachtungen
m_{Kurve}	Anzahl Datenpunkte der gesuchten Kurve
m_{Kreis}	Anzahl Kreispunkte
m_{dc}	näherungsweise Anzahl Kantenpunkte eines idealen digitalen Kreises
$m_\mathcal{U}$	Anzahl Kantenpunkte in der Umgebung der Kurve
$m_g(\mathbf{x})$, $m_h(\mathbf{x})$	Masken der Bilder g und h
$m_{gh}(\mathbf{x}, \boldsymbol{\tau})$	kombinierte Maske für die Verschiebung $\boldsymbol{\tau}$
MKK	Matthews-Korrelations-Koeffizient
N	Anzahl Iterationen in der RHT, Anzahl Zufallsversuche, Anzahl Datenpunkte etc.
$N(\boldsymbol{\tau})$	Anzahl überlappender Bildpunkte bei der Korrelation abhängig von der Verschiebung $\boldsymbol{\tau}$
n	Anzahl Parameter
$\mathbf{n}$	Normalenvektor der Oberfläche
$\mathbf{n}_{1,2}$, $\mathbf{n}_{2,3}$, $\mathbf{n}_{1,3}$	Mittelsenkrechten bei der Kreisberechnung

$\mathbf{o}$	Orientierungsoperator
$P(A)$	Wahrscheinlichkeitsfunktion; Wahrscheinlichkeit für das Eintreten des Ereignisses A
$p(.)$	Wahrscheinlichkeitsdichtefunktion
p_{Kurve}	Wahrscheinlichkeit für das Ziehen der gewünschten Anzahl von Datenpunkten einer Kurve aus dem Datensatz
$\hat{p}_{\text{Kreis}}$	Wahrscheinlichkeit aus allen Kantenpunkten drei Punkte eines bestimmten Kreises zu ziehen
$p_{\text{min. Zählerstand}}$	Wahrscheinlichkeit für das Erreichen eines minimalen Zählerstandes bei der RHT
r	Kreisradius
$r_{\text{außen}}$	Radius der äußeren Begrenzung des Suchraums bei der Kreisschätzung
r_{innen}	Radius der inneren Begrenzung des Suchraums bei der Kreisschätzung
RPR	Richtig-Positiv-Rate
$S_{gh}(\omega)$	Kreuzleistungsdichtespektrum
s	Skalierungsfaktor der Helmert-Transformation
$s(x)$	empirische Standardabweichung von x
$s_{\varphi}(\mathbf{x})^2$	Varianz des Intensitätsverlaufs über der Beleuchtungsserie
s_a, s_b und s_r	Skalierungsfaktoren zur Einstellung der Auflösung des Akkumulators
$\mathbf{T}$	Strukturtensor
T_{11}, T_{22}, T_{12}	Komponenten des Strukturtensor
t_x , t_y	Translation in x- und y-Richtung
$\mathcal{U}$	Umgebung der Kurve
v	minimal geforderter Zählerstand des Akkumulators
var $\{X\}$	Varianz der Zufallsvariable X
w	Klasse bei der Klassifikation
W_p^N	Binomialverteilung
$\mathbf{W}$	Gewichtsmatrix
$w(x)$	Gewichtsfunktion des M-Estimators
$\mathbf{x} = (x_1, x_2, \ldots, x_n)^{\text{T}}$	Parametervektor des LS-Schätzers

$\hat{x}$	Schätzwert von x
$\overline{x}$	empirischer Mittelwert von x
$\mathbf{x} = (x, y)^{\mathrm{T}}$	Ortsvektor
$\mathbf{x}_{\text{index}}$	quantisierter Parametervektor als Indexvektor für eine Baumstruktur

1 Einleitung

Am 27. September 1927 wurde der Polizist George Gutteridge in Essex erschossen aufgefunden. Ein kurz zuvor gestohlenes Fahrzeug konnte wiedergefunden werden. Auf dem Trittbrett des Autos befanden sich Blutspuren und im Inneren wurde eine Patronenhülse gefunden. Aufgrund der Spuren auf der Patronenhülse konnte einerseits festgestellt werden, dass der Stoßboden der Waffe einen Fabrikationsfehler aufwies, andererseits konnte aufgrund der Tatgeschosse die verwendete Waffe als Webley Revolver identifiziert werden. Nach vier Monaten Ermittlungsarbeit verdächtigte die Polizei zwei Autodiebe der Tat, konnte jedoch den Nachweis nicht erbringen. Wegen eines anderen Autodiebstahls wurde das Auto eines der Tatverdächtigen durchsucht und in einem Versteck ein Webley Revolver gefunden. Es wurde nachgewiesen, dass die Waffe genau den Fabrikationsfehler aufwies, der sich auf den Patronenhülsen der früheren Tat abgeprägt hatte [Skinner u. a. 2008; Burrard 1965].

Die Ziele der Kriminalistik haben sich seither kaum verändert. Auch heute geht es darum, den Nachweis zu führen, dass z. B. ein Schuh die Spuren in einer Wohnung hinterlassen hat, ein Schraubendreher zum gewaltsamen Öffnen eines Fensters verwendet wurde, das Klebeband, mit dem ein Entführter gefesselt war, zu einer bestimmten Rolle gehört und Patronenhülsen und Geschosse aus einer Waffe abgefeuert wurden. Gelingt der Nachweis, so ist er ein wichtiger Bestandteil der Beweiskette, die zur Überführung und Verurteilung der Täter führen kann.

Ziel dieser Arbeit ist es, einen Beitrag dazu zu leisten, Kriminaltechnikern leistungsfähige Bilderfassungs- und Vergleichssysteme, die ihnen die Arbeit mit den Spuren und die Suche nach Übereinstimmungen auf Patronenhülsen erleichtern, zur Verfügung zu stellen.

Zur Vertiefung des Verständnisses wird im nächsten Abschnitt erläutert, wie die waffenspezifischen Spuren auf Patronenhülsen entstehen. Der darauf folgende Abschnitt beschreibt den Ablauf der kriminaltechnischen Untersuchung bei Schusswaffendelikten.

1.1   Spurenentstehung und Schusswaffenbauteile

Zum besseren Verständnis der Spurenentstehung wird zunächst der Schussvorgang heute üblicher Selbstladepistolen erklärt. Die für die Spurenentstehung relevanten Bauteile der Waffe sind durch *kursive* Schreibweise hervorgehoben. Das Schnittmodell einer Waffe in Bild 1.1 zeigt den Aufbau des für die Arbeit relevanten Teils der Waffe.

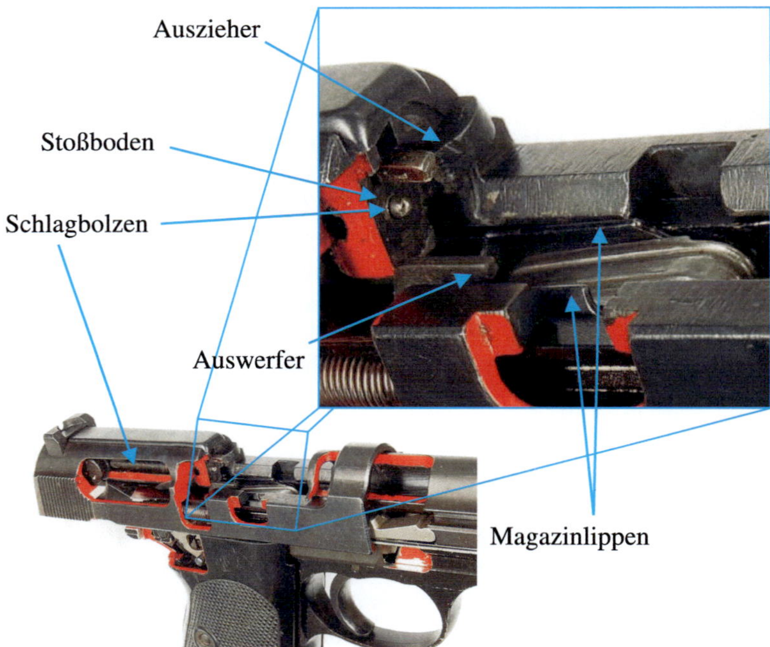

Bild 1.1: Schnittmodell einer Pistole Walter P38 mit Kennzeichnung relevanter Bauteile und Spurenverursacher.

Nach Ziehen des Abzugs schlägt der Hammer oder Hahn auf den *Schlagbolzen*. Dieser schlägt auf das *Zündhütchen* wodurch der Zünder detoniert. Die heißen Gase gelangen durch Öffnungen ins Innere der Patrone und entzünden die Treibladung. Durch das Abbrennen der Treibladung und der einhergehenden Expansion der heißen Gase wird das Geschoss in den Lauf getrieben und beschleunigt. Der Lauf besitzt in der Regel unter dem Drallwinkel verdrehte Felder und Züge, die das Geschoss in Rotation um die Schussrichtung versetzen, wodurch der Flug des Geschosses stabilisiert wird. Solange sich das Geschoss im Lauf befindet, ist der Gasdruck in Lauf, Patronenkammer und Hülse so hoch, dass sich der Hülsenmund aufweitet und die Hülse in der Patronenkammer reibschlüssig gehalten wird. Nach Verlassen des Laufes verringert sich der Gasdruck, die Aufweitung des Hülsenmundes und somit die Reibung am Hülsenumfang lässt nach. Jetzt drückt die Hülse an die Rückwand der Patronenkammer, den sogenannten *Stoßboden*. Der *Stoßboden* ist Teil des längs verschieblichen Verschlusses, der sich durch den Gasdruck nach hinten bewegt. Nach Zurücklegen eines Teils der möglichen Strecke tritt aus dem Stoßboden eine Art Dorn hervor, der sogenannte *Auswerfer*, der die Patronenhülse seitlich aus dem durch die Rückwärtsbewegung frei werdenden Auswurffenster befördert. Bei der federgetriebenen Vorwärtsbewegung des Schlittens wird die oberste im Magazin befindliche Patrone mitgenommen. Dabei geben die *Magazinlippen* die Patrone frei und sie wird über eine Rampe in die Patronenkammer eingelegt und dabei vom *Auszieher*, einer dem Auswerfer gegenüber liegenden Kralle, an der Rille der Hülse gegriffen. Der Auszieher hat lediglich beim manuellen Entladen Relevanz. Er sorgt für die Mitnahme der Hülse beim Zurückziehen des Verschlusses und in Zusammenarbeit mit dem Auswerfer für die Beförderung der Hülse aus dem Auswurffenster [Heymann 2006].

Bild 1.2: Detailansicht des Stoßbodens. Zu erkennen sind die Spuren der Herstellung der Waffe auf dem Stoßboden.

Neben den in Selbstladepistolen verwendeten Zentralfeuerpatronen werden, vor allem in Kleinkaliberwaffen, Randzünderpatronen verwendet, siehe Bild 1.3. Bei Zentralfeuerpatronen befindet sich die Zündmasse im Zündhütchen, das in der Mitte des Hülsenbodens eingelassen ist. Bei Randzünderpatronen befindet sich die Zündmasse dagegen im gefalzten Rand der Patronen. Dementsprechend schlägt der Schlagbolzen auf den Rand des Hülsenbodens. In dieser Arbeit werden ausschließlich Zentralfeuerpatronen untersucht. Wird auf Randzünderpatronen eingegangen, so ist dies im Text hervorgehoben.

Beim Schussvorgang entstehen unterschiedliche Spuren auf der Patronenhülse, die

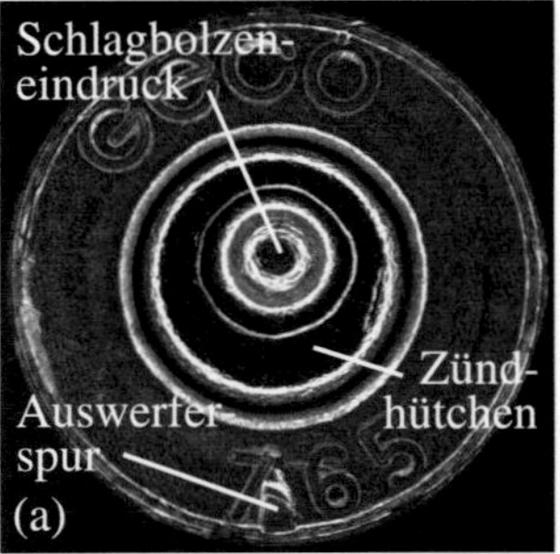

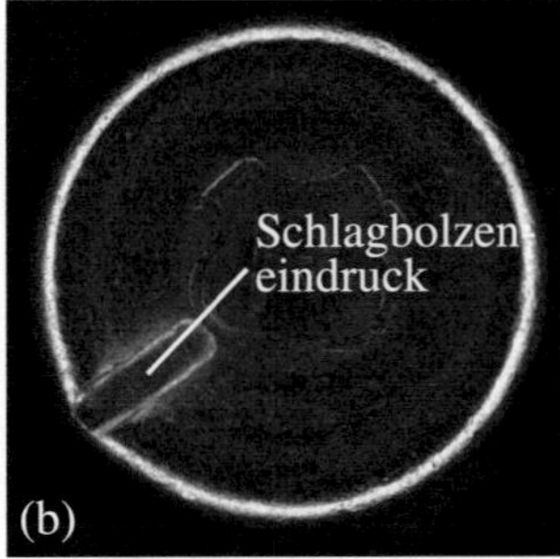

Bild 1.3: (a) Boden einer Zentralfeuerpatrone und (b) einer Randzünderpatronen nach dem Verschießen.

Rückschlüsse auf die verwendete Waffe zulassen. Man unterscheidet Systemspuren, die eine Aussage über das verwendete Waffenmodell zulassen und Individualspuren, welche die Identifikation der Waffe ermöglichen.

Die wichtigsten Spuren sind Stoßboden- und Schlagbolzenspuren. Der Schlagbolzen wird durch den Hammer in das Zündhütchen getrieben. Da der Schlagbolzen aus sehr viel härterem Material hergestellt ist als das Zündhütchen, ergibt sich eine Abformung sowohl der dreidimensionalen Form der Schlagbolzenspitze als auch deren Feinstruktur. Die dreidimensionale Form sowie die Art der Feinstruktur ist als Modellmerkmal, die genaue Ausprägung der Feinstruktur als Individualmerkmal verwendbar. Durch den Gasdruck der Verbrennung der Treibladung wird die Hülse gegen den Stoßboden der Waffe gedrückt. Dabei übertragen sich dank des Härteunterschieds die Feinstruktur wie auch grobe Merkmale vom Stoßboden, siehe Bild 1.2, auf den Boden der Patronenhülse [Bock u. a. 1989].

Die Auszieherkralle erzeugt unter Umständen beim Ladevorgang Spuren auf dem Rand des Bodens der Hülse. Es entstehen evtl. Abdrücke in der Rille des Hülsenrandes. Die so erzeugten Spuren werden den Systemspuren zugeordnet. Beim Zurückfahren des Verschlusses stößt der feststehende Auswerfer gegen die Hülse und kann eine Einprägung hinterlassen [Burrard 1965]. Diese lässt sich als Systemspur und Individualspur auswerten. Weitere Gleitspuren können auf dem Umfang der Hülse durch die Bewegung des Verschlusses sowie durch die Magazinlippen entstehen. Anzahl und Lage lassen Rückschlüsse auf das Waffenmodell sowie die Lage der Patrone in der Waffe zu [BKA 2005].

1.2 Ablauf von Ermittlungen

In Deutschland stellt sich der Ablauf der Ermittlungen wie folgt dar. Werden an einem Tatort Patronenhülsen oder Geschosse sichergestellt, so führt der zuständige Kriminaltechniker im Labor mit Hilfe eines Vergleichsmakroskops lichtmikroskopische Untersuchungen durch. Er versucht zum einen das Waffenmodell herauszufinden oder einzuschränken. Zum anderen versucht er festzustellen, ob die Spuren auf einer Patronenhülse oder einem Geschoss mit Spuren auf anderen Patronenhülsen oder Geschossen übereinstimmen. Dabei vergleicht er die am Tatort gefundenen Munitionsteile untereinander, um festzustellen, ob aus einer oder mehreren Waffen geschossen wurde. Anschließend wird die Suche auf nahe liegende weitere Taten beschränkt. Wird bei einem Tatverdächtigen eine Waffe gefunden, so wird diese beschossen und die somit gewonnenen Vergleichshülsen und -geschosse mit den am Tatort gefundenen verglichen.

Nach Abschluss der Untersuchungen vor Ort werden die Geschosse und Hülsen dem Bundeskriminalamt (BKA) übergeben, dessen Kriminaltechniker nach Übereinstimmungen mit Asservaten in ihrer zentralen Sammlung sucht. An dieser Stelle ergibt sich ein großer Vorteil, wenn ein Vergleichssystem existiert, das die vorhandenen Geschosse und Hülsen automatisiert vergleicht und nach Ähnlichkeit geordnet ausgibt. Diese Vorsortierung erspart die aufwändige und ermüdende visuelle Suche nach Übereinstimmungen in der gesamten Asservatensammlung. Dies gilt insbesondere bei umfangreichen Asservatensammlungen und häufig genutzten Kalibern.

Es lassen sich somit je nach Anwendergruppe unterschiedliche Anforderungen an ein automatisiertes Bilderfassungs- und Vergleichssystem formulieren. Dies wird im nächsten Abschnitt durchgeführt.

1.3 Anforderungen an ein Vergleichssystem

Es ergeben sich folgende Anforderungen an ein System für Untersuchung und Vergleich der Spuren durch einen Kriminaltechniker vor Ort:

- Gewinnung hochwertiger Aufnahmen der Spuren unter reproduzierbaren Bedingungen

- Ablage des Maßstabs zu den Aufnahmen

- Möglichkeiten zum komfortablen, visuellen Vergleich der Spuren auf mehreren Hülsen am Bildschirm als Ersatz für die Verwendung von Vergleichsmakroskopen

- Schneller, systematischer Zugriff auf archivierte Daten zur Vermeidung von Gängen in die Asservatenkammer

- Verwertbarkeit der Aufnahmen vor Gericht

- Auslegung des Systems für den manuellen Vergleich einer überschaubaren Anzahl an Spuren

- Einfache Bedienung

Zusätzliche Anforderungen ergeben sich an ein Vergleichssystem für Kriminaltechniker zur Bearbeitung umfangreicher Sammlungen:

- Automatisierte Bilderfassung für die schnelle Erfassung umfangreicher Asservatsammlungen

- Einfache und reproduzierbare Gewinnung von Modell- und Individualmerkmalen, wenn möglich automatisierte Extraktion

- Automatisierter Vergleich der Spuren und Erzeugung einer nach Ähnlichkeit sortierten Liste, der sogenannten „Hitliste"

- Schneller Vergleich und schnelle Suche in umfangreichen Datensammlungen

Weitere Anforderungen ergeben sich aus dem Wunsch, bei der Aufklärung von Straftaten national und international zusammenzuarbeiten, sowie aus allgemeinen Überlegungen zur Nutzbarkeit, Erweiterbarkeit und Fortentwicklung eines Vergleichssystems.

- Netzwerkfähigkeit, Fernzugriff und Möglichkeit zum nationalen und internationalen Datenaustausch auf Bild- und Merkmalsebene

- Datensicherheit bei der Übertragung der Daten

- Sichere Archivierung der Daten

- Skalierbarkeit

- Erweiterbarkeit um weitere Merkmale unter Ausnutzung vorhandener Bilddaten

- Automatische Validierung und Optimierung des Vergleichs anhand bekannter Spurenzusammenhänge in der Datenbank. Solange die Tatwaffe nicht gefunden ist, bleiben Munitionsteile, bei denen Zusammenhänge bekannt sind, in der Sammlung und können zu diesem Zweck verwendet werden.

Im Rahmen dieser Arbeit sowie in der Realisierung eines Vergleichssystems wird versucht, einem Teil dieser Anforderungen gerecht zu werden. Nach der Formulierung der Anforderungen wird der aktuell verfügbare Stand der Entwicklung derartiger Bilderfassungs- und Vergleichssyteme und der darin verwendeten Algorithmen dargelegt.

1.4 Stand der Technik

G. Burrard berichtet in seinem Buch „Schusswaffen und Munition – kriminalistisch untersucht" [Burrard 1965] von den Ermittlungen im berühmten Fall der Ermordung von P. C. Gutteridge aus dem Jahre 1927, bei dem der Nachweis gelang, dass zwei Patronenhülsen aus einer Waffe des Mordverdächtigen abgefeuert wurden. Er verweist zudem auf amerikanische und deutsche Untersuchungen, bei denen dieser Nachweis seit ca. 1920 regelmäßig erbracht wurde. Bereits seit dieser Zeit ist somit bekannt, dass sich Spuren der Waffe auf der Patronenhülse abbilden und diese so individuell sind, dass ein Nachweis über den Zusammenhang von Waffe und daraus abgefeuerter Patronenhülse vor Gericht erbracht werden kann. Erst sehr viel später wurde versucht diesen visuellen Vergleich mit Hilfe von Bildverarbeitungsmethoden zu unterstützen.

Im Folgenden wird ein Überblick über verschiedene Forschergruppen und Produkte gegeben, die sich mit dem automatisierten Vergleich von Patronenhülsen auseinander setzten.

An der *Edith Cowan University* in Perth, Australien, wird am System FIREBALL für die australische Polizei gearbeitet. Dieses soll einerseits die Klassifikation nach manuell oder halbautomatisch bestimmten Modellmerkmalen ermöglichen, aber auch hochwertige digitale Bilder der gespeicherten Patronenhülsen und Geschosse landesweit zur Verfügung stellen. Zuerst wurde am Vergleich von Randzünderpatronen gearbeitet [Smith u. Cross 1995; Smith 1997]. Mit Hilfe einer Multidimensionalen Cluster-Analyse wurde die Klassifikation des Waffenmodells vorgenommen [Smith 2001b,a]. In [Zhao u. a. 2002] wurden Verfahren vorgestellt, um aus Ringlichtaufnahmen die Position der Hülse und des Schlagbolzeneindrucks im Bild zu extrahieren und anschließend die Hülse auf eine vorgegeben Position und Größe zu bringen sowie entsprechend des Vektors zwischen Schlagbolzen- und

Hülsenmitte reproduzierbar zu drehen. [Li 2003] erweitert das Verfahren um die Anpassung der Helligkeit. Ein Überblick über die in der Datenbank gespeicherten Informationen, die Merkmale der Software sowie die Verteilung der Daten an die Polizeidienststellen über CD-ROMs wird in [Li u. a. 2002] beschrieben. In den beiden Veröffentlichungen [Kong u. a. 2003; Li 2006b] wird über den Vergleich von Schlagbolzenspuren von Randzünderpatronen mit Hilfe eines hierarchischen, neuronalen Netzes berichtet. Mittlerweile arbeitet die Gruppe auch am Geschossvergleich [Li 2006a, 2008]. Schwerpunkt ist somit die Realisierung eines Bilderfassungssystems, das reproduzierbar Patronenhülsen aufnimmt und bei der australischen Polizei im Einsatz ist. Darauf aufbauend werden Vergleichsalgorithmen entwickelt.

Eine chinesische Forschergruppe des *Department of Automation, Tsinghua University, Beijing* sowie David Zhang vom *Department of Computing des Biometrics Technology Centre der Hong Kong Polytechnic University* beschäftigte sich mit dem Vergleich der Spuren auf Patronenhülsen. In der ersten Veröffentlichung wurde versucht, auf Basis der Lage und des Durchmessers des Schlagbolzeneindrucks, sowie eines Vergleichs manuell ausgewählter Bildausschnitte, 150 Hülsen, je drei aus einer Waffe, zu vergleichen. Die Bilder wurden zuvor anhand der Verbindungslinie der Mittelpunkte des Zündhütchens und des Schlagbolzeneindrucks rotatorisch ausgerichtet [Xin u. a. 2000]. Da der Schlagbolzeneindruck nicht immer exzentrisch liegt, ist die Vorgehensweise nicht immer erfolgversprechend. So erklärt sich der Wechsel zur Ausrichtung anhand der Auswerferposition in den beiden nachfolgenden, sehr ähnlichen Veröffentlichungen [Zhou u. a. 2001a,b]. Der Vergleich der Schlagbolzen wurde auf die Form desselben erweitert. Diese wurde durch *aktive Konturen* ermittelt und auf dieser Basis mit Hilfe eines Distanzmaßes verglichen. Der Vergleich der Stoßbodenspuren konnte durch Verwendung eines Korrelationsmaßes auf Basis der lokalen Orientierungsdifferenzen, bei ausreichender Größe der lokalen Anisotropie, realisiert werden. Mit Hilfe der so definierten Ähnlichkeitsmaße wurde mittels einer *Support Vector Machine* (SVM) [Duda u. a. 2000] eine Klassifikation nach Herkunft aus der gleichen oder einer anderen Waffe durchgeführt. Die erzielte Rate der falsch positiven Entscheidungen lag bei 12,7%, die der falsch negativen bei 1,7%.

Das derzeit kommerziell erfolgreichste Vergleichssystem für Geschosse und Patronenhülsen namens „IBIS" stammt von der Firma *Forensic Technology WAI Inc*. Es handelt sich um ein vernetzbares Vergleichssystem für umfangreiche Spurensammlungen. Die aufgenommenen Bilder sind nur eingeschränkt für den visuellen Vergleich geeignet. Über die verwendeten Vergleichsalgorithmen ist sehr wenig bekannt. Über die Internetpräsenz der Firma werden Fallstudien und Berichte zu Kooperationen mit US-Polizeidienststellen verbreitet [Braga u. Pierce 2004; Forensic Technology 2004a,b, 2005; Edwards 2005; Gagliardi u. Leary 2005; Forensic Technology 2007; Forensic Technology u. the Stockton Police Dept. 2007; Gagliardi 2008].

Des Weiteren wird in den Artikeln auf der Internetseite die Idee, alle verkauften Waffen in einer IBIS-Datenbank zu erfassen, vorgestellt und motiviert. Durch Segmentierung der sehr schnell wachsenden Datenbank nach Modellmerkmalen soll der Aufwand für die Suche minimiert werden [Forensic Technology 2003]. Auf diese Idee wird auch in einer Broschüre des Vereins *The Educational Fund to Stop Gun Violence* eingegangen, welche die Grundlagen der Ballistik und Schusswaffenidentifikation sowie die Funktionsweise des IBIS-Systems beschreibt. Hier werden auch einige Details zur Datenerfassung mit dem IBIS-System genannt. So wird Ringlicht und Seitenlicht für die Aufnahmen verwendet. Die Reproduzierbarkeit der Aufnahmen wird durch eine definierte, durch den Bediener herzustellende rotatorische Ausrichtung sichergestellt. Bei Patronenhülsen können Schlagbolzeneindruck, Stoßbodenspuren auf dem Zündhütchen und Auswerferspuren untersucht und verglichen werden. Zudem wird auf ein Projekt verwiesen, bei dem Mikrostempel auf Schlagbolzen und Stoßboden eingebracht werden sollen, die Informationen über Hersteller, Waffenmodell und Seriennummer auf dem Zündhütchen hinterlassen [Educational Fund to Stop Gun Violence 2004]. Da die Bereiche des Mikrostempels vermutlich entfernt werden können, scheint der praktische Nutzen im Falle von illegalen Waffen lediglich eingeschränkt vorhanden zu sein. Die Erfassung aller bei Händlern verkaufter Waffen, die in Maryland und New York durchgeführt wird, beurteilt *John Tobin, Jr.*, Direktor der Maryland State Police, negativ. Im zweiten Bericht der *Maryland State Police Forensic Sciences Devision* zu diesem Projekt „MD-IBIS" wird ausgeführt, dass nach Erfassung von etwa 80.000 Patronenhülsen in vier Jahren und kumulativen Kosten von 2.567.633$ das System zu keinem einzigen Fall mit zusätzlichen Informationen beitragen konnte [Tobin, Jr. 2004]. Dementsprechend wird das Projekt hinsichtlich des Verhältnisses von Kosten zu Nutzen kritisch hinterfragt.

In [Beauchamp u. Roberge 2007] wurde der Einfluss der Datenbankgröße des IBIS-Systems auf Vergleichsergebnisse untersucht. Dazu wurde mit 500 Waffen unterschiedlicher Kaliber je zweimal geschossen. Als Treffer wurde gewertet, wenn die richtige Hülse in den ersten zehn Einträgen der Hitliste erschien. Nach theoretischen Überlegungen zur Wahrscheinlichkeit eines Treffers wurden Experimente durchgeführt. Die Trefferwahrscheinlichkeit wurde für eine Datenbankgröße von einer Million Hülsen extrapoliert. Die Vergleichsleistung des Systems fällt von 80% auf 30-40%, wenn die Datenbankgröße von 1000 auf eine Million Hülsen steigt. Aus der Veröffentlichung wird bekannt, dass das IBIS-System zur Geschwindigkeitssteigerung zuerst eine Korrelation in niedriger Auflösung durchführt und die z. B. 20% besten Kandidaten dann einer feineren Korrelation unterzieht.

Seit einigen Jahren vertreibt *Forensic Technology* unter dem Namen „IBIS BulletTRAX 3D" sowie „IBIS BrassTRAX 3D" neu entwickelte Erfassungs- und Vergleichssysteme, die auf 3D-Daten arbeiten. Die Erfassung der 2D- und 3D-Daten wird mit Hilfe eines konfokalen Mikroskops der Firma Nanofocus AG, Oberhausen durchgeführt [NanoFocus AG 2008]. Die Erfassung von 2D-Daten ist der Kompatibilität mit dem bisherigen IBIS-System geschuldet. BulletTRAX 3D und die überarbeitete Software für den visuellen Vergleich der Geschosse, MatchPoint Plus, wird in [Dillon Jr. 2005] vorgestellt. Der Schwerpunkt auf den Vergleich von Geschossen wird damit begründet, dass in den USA in Gerichten Gutachten zu Geschossen, inbesondere wenn sie in Opfern gefunden werden, weniger angegriffen werden als die Gutachten zu Patronenhülsen. Bei Patronenhülsen ist es, laut Bericht, wesentlich schwerer sicher zu beweisen, dass jene genau von dieser Straftat stammen, da es in den USA immer wieder zum Schusswaffengebrauch kommt [Dillon Jr. 2005]. Die Situation muss jedoch in Ländern mit geringerer Schusswaffenverbreitung – wie Deutschland – anders beurteilt werden. Gegenstand der Forschung zur Zeit der Erstellung des Artikels war die sichere Erfassung deformierter Geschosse. Auch die Software MatchPoint Plus wird ausführlich beschrieben. Sie bietet verschiedene Möglichkeiten, Spuren auf Geschossen visuell zu vergleichen und orientiert sich dabei an der Darstellung der Geschosse in Vergleichsmakroskopen, um die Akzeptanz bei langjährigen Kriminaltechnikern zu erhöhen. Mit der Software kann der automatisierte Vergleich auf einem Korrelationsserver angestoßen werden [Dillon Jr. 2005]. In [Roberge u. Beauchamp 2006] wird von einem Vergleich von 21 Geschoss-Paaren berichtet, der mit BulletTRAX 3D durchgeführt wurde. Dabei konnten alle Geschosspaare einander zugeordnet werden. Interessant sind die Angaben zur Aufnahme der Geschosse. So dauert die Erfassung der Zylinderabwicklung eines 9 mm Geschosses 20 Minuten. Es werden für die vollständige Erfassung 45 Aufnahmen zusammengefügt. Zum 3D-Vergleich von Patronenhülsen sind noch keine Daten bekannt.

Weitere kommerzielle Systeme sind DRUGFIRE, entwickelt vom FBI [Li 2006a], welches in den USA durch IBIS ersetzt wurde, ALIS aus Japan [Li u. a. 2002] sowie CONDOR der Firma SBC Co., Ltd aus St. Petersburg.

Zeno J. Geradts stellte in verschiedenen Veröffentlichungen Verfahren zum Vergleich der Stoßbodenspuren sowie dem Schlagbolzeneindruck auf den Zündhütchen vor [Geradts u. a. 1999; Geradts 1999; Geradts u. a. 2001a,b; Geradts u. Bijhold 2001] und fasste diese in seiner Dissertation [Geradts 2002] zusammen. Er verwendete das ihm zur Verfügung stehende kommerzielle Vergleichssystem Drugfire zum Erfassen der Bilddaten. Als Beleuchtung wählte er Ring- bzw. Seitenlicht. Die Patronenhülsen wurden nach einer festen Prozedur bei genau definierter rotatorischer Ausrichtung aufgenommen, um den Freiheitsgrad der Rotation einzuschränken. Als Datenbasis dienten ca. 4900 Aufnahmen anderer kriminaltechnischer Labors sowie selbst erfasste Bilder von 49 Patronenhülsen aus 18 verschiedenen Waffen, die unter die anderen Aufnahmen gemischt wurden.

Da die Vergleichsalgorithmen der Systeme DRUGFIRE und IBIS geheim gehalten werden, versuchte Geradts mit eigenen Algorithmen verschiedene Einflüsse auf die Vergleichsergebnisse zu untersuchen. Nach Vorverarbeitung durch Normalisierung der Bilder wurde manuell der Bereich außerhalb des Zündhütchens maskiert. Neben den normalisierten Grauwertbildern kamen auch Wavelet-transformierte Bilder zum Einsatz.

Es kamen drei Vergleichsalgorithmen jeweils auf normalisierte Bilder und verschiedene Skalen der Wavelet-Transformierten zur Anwendung. Der erste bestand aus der Varianz des Differenzbildes. Es wurden leichte Rotationen und Translationen zugelassen, um Aufnahmeungenauigkeiten auszugleichen. Als zusätzliche Variante wurde auf einem kleinen Teil der Daten eine Suche über den vollen Winkelbereich durchgeführt. Das zweite Verfahren ist der Vergleich der Log-Polar-Transformation des Betrags der Fourier-Transformierten der Bilder, um invariant gegenüber Skalenänderungen und Rotation zu sein. Als dritter Ansatz wurde ein merkmalsbasierter Vergleich auf Minima der Eigenwerte der Gradientenmatrix durchgeführt. Es kam ein Algorithmus aus dem Bereich der zeitlichen Verfolgung von Vorgängen zum Einsatz, um die Merkmalspunkte verschiedener Bilder auf einander abzubilden. Dieser Ansatz lieferte keine brauchbaren Ergebnisse. Die anderen beiden Verfahren konnten eine sinnvolle Vorsortierung realisieren.

Mitarbeiter des deutschen *Bundeskriminalamts* untersuchten in [Nennstiel u. Rahm 2006a] die Leistungsfähigkeit des IBIS-Systems unter realistischen Bedingungen anhand einer Datenbank mit noch offenen Fällen. Es wurden Testszenarien auf Basis bekannter Spurenzusammenhänge entwickelt. Zum einen wurde die gesamte Spurensammlung der Schusswaffenabteilung des Bundeskriminalamts erfasst und mit Hilfe bereits bekannter Spurenzusammenhänge IBIS getestet. Zum zweiten wurden Patronenhülsen von Fällen verwendet, bei denen mehrere Hülsen oder Geschosse an einem Tatort aus einer Waffe abgeschossen wurden. Zum dritten wurden auch Fälle herangezogen, bei denen auf Basis von Ermittlungen ein Zusammenhang hergestellt und ein Spurenzusammenhang visuell bestätigt werden konnte. Es wurden die Einflüsse verschiedener Parameter, wie die Datenbankgröße, die Qualität der Spuren, die Anzahl verglichener Asservate aus der gleichen Waffe, die verglichenen Spurenarten und die Position, bis zu der in der Hitliste gesucht wurde, analysiert [Nennstiel u. Rahm 2006b]. Als Ergebnis konnte eine Trefferquote von 75-95% bei Patronenhülsen, sowie 50-75% bei Geschossen erreicht werden.

In der Dissertation [Schmid 2001] zur Klassifikation von Oberflächen wurde unter anderem die Klassifikation und der Vergleich von Schlagbolzeneindrücken auf

Basis von 3D-Daten untersucht. Als Merkmale wurde unter anderem die Form des Schlagbolzens sowie die Feinstruktur der Oberfläche verwendet.

In [Senin u. a. 2006] wurde ein experimentelles System für die Untersuchung von forensischen Spuren auf Basis von 3D-Daten am Beispiel von Patronenhülsen vorgestellt. Einerseits wurden Anforderungen definiert, die ein 3D-Erfassungsgerät bieten muss. Andererseits wurden die Möglichkeiten erläutert, die sich aus der zusätzlichen dritten Dimension gegenüber zweidimensionalen Bildern ergeben und anhand von Beispielen belegt. Neben der Unterstützung des Kriminaltechnikers beim visuellen Vergleich, wurden Algorithmen zur Charakterisierung und zum Vergleich von Bildausschnitten vorgestellt. Es wurde versucht, die Spuren mittels verschiedener Messwerte zu charakterisieren. Zum Einsatz kamen neben Rauheitsparametern für die Oberflächencharakterisierung auch die lokale Autokorrelation für die Bestimmung der Vorzugsrichtung der Spuren. Für den Vergleich der Auswerferspur wurde die Kreuzkorrelation, für den Schlagbolzeneindruck zudem die Korrelation mit vorgelagerter Polar- oder Log-Polar-Transformation sowie die translations-, rotations- und skaleninvariante Fourier-Mellin-Transformation angewendet.

Das *Institut für Mess- und Regelungstechnik* (MRT) der *Universität Karlsruhe* erforscht seit etwa 1994 den automatischen Vergleich von Spuren auf Geschossen und Patronenhülsen. Im Rahmen einer ersten Dissertation wurde als Schwerpunkt der Vergleich der Riefen auf Geschossen vorangetrieben. Es wurde der Drallwinkel der Waffe aus den Spuren auf dem Projektil bestimmt. Anschließend wurden die Spuren begradigt und ein mittleres Riefenprofil als Signatur der Waffe bestimmt. Mit Hilfe dieser Signatur konnte ein Vergleich der Spuren auf Projektilen realisiert werden. Des Weiteren wurden Vorschläge für den Vergleich von Schlagbolzenspuren auf Patronenhülsen vorgestellt [Puente León 1999].

Die zweite Dissertation [Heizmann 2004] baut darauf auf und erweitert den Vergleich riefenartiger Strukturen auf Gleitspuren, wie sie z. B. bei Einbrüchen mit Schraubendrehern erzeugt werden. Nach einer Begradigung der Spuren kann in ähnlicher Weise ein Vergleich auf Basis von Signaturen durchgeführt werden. Die Arbeit führte zudem eine Segmentierung in spurenbehaftete Bereiche und Hintergrund ein.

1.5   Ziele und Aufbau der Arbeit

Bisherige Arbeiten verwenden für den automatisierten Vergleich den Schlagbolzeneindruck, die Auswerferspur und die Stoßbodenspuren auf dem Zündhütchen. Das Zündhütchen wird im Fertigungsprozess der Patronen als letztes eingefügt.

Daher sind auf dem Zündhütchen relativ wenige Spuren der Hülsenherstellung zu finden. Somit eignet sich das Zündhütchen sehr gut zum Vergleich der Spuren des Stoßbodens. Dennoch ist es wünschenswert, auch die Stoßbodenspuren auf dem Boden der Patronenhülse außerhalb des Zündhütchens zu betrachten, denn die betrachtete Fläche vergrößert sich dadurch deutlich. Mit dieser Erweiterung kommen neue Anforderungen an die Bildverarbeitung hinzu. So müssen die Bereiche gekennzeichnet und vom Vergleich ausgeschlossen werden, die sicher keinen Kontakt mit dem Stoßboden hatten. Diese zusätzlichen Anforderungen motivieren den Schwerpunkt dieser Arbeit.

Ziele der Arbeit sind die reproduzierbare, automatisierte Erfassung und Aufbereitung hochwertiger Daten für den visuellen und automatisierten Vergleich sowie die Segmentierung in Bildbereiche, die Spuren beinhalten können und solche, die keinen Kontakt mit der Waffe hatten. Des Weiteren werden Merkmale vorgestellt, die sich für die Klassifikation und den automatisierten Vergleich von Patronenhülsen unter Berücksichtigung der Segmentierung verwenden lassen.

Die Arbeit gliedert sich wie folgt:

- Kapitel 2 beschreibt Grundlagen aus dem Bereich der Parameterschätzverfahren und der Korrelation, die im Rahmen der Segmentierung und des Vergleichs Anwendung finden.

- In Kapitel 3 werden die in der Arbeit verwendeten Verfahren der Bilderfassung und -verbesserung erläutert. Dazu gehört die Fusion von Beleuchtungsserien zur Erzeugung kontrastreicher Merkmalsbilder durch Berechnung der Varianz im Beleuchtungsraum.

- Kapitel 4 bildet den Schwerpunkt der Arbeit und befasst sich mit der Segmentierung rotationssymmetrischer Hülsebestandteile, wie Hülsenrand, Zündhütchen und Schlagbolzeneindruck mit Hilfe von Verfahren zur Kreisschätzung und -klassifikation. Des Weiteren werden Verfahren für die Segmentierung des Bodenstempels auf dem Patronenboden vorgestellt.

- Kapitel 5 behandelt die Extraktion von Waffenmerkmalen, die sich auf der Hülse abbilden. Auf Basis dieser Merkmale werden Maße vorgestellt, mit denen sich die Ähnlichkeit von Patronenhülsen beschreiben lässt.

- Kapitel 6 stellt die Ergebnisse der Segmentierungsverfahren aus Kapitel 4 vor und bewertet sie.

- Die Arbeit schließt mit einer Zusammenfassung in Kapitel 7.

2 Grundlagen

2.1 Parameterschätzverfahren

In der Datenverarbeitung von Messwerten besteht eine der Aufgaben darin, die gemessenen, verrauschten Werte mit einem Modell des vorliegenden Systems abzugleichen. So wurden im Rahmen dieser Arbeit z. B. Bildpunkte Kreisen zugeordnet, Ebenen aus 3D Messwerten geschätzt und aus Bildkorrespondenzen Transformationen bestimmt. Diese Verarbeitungsschritte werden unter dem Begriff Parameterschätzverfahren zusammengefasst.

Das bekannteste Parameterschätzverfahren ist die *Methode der kleinsten Quadrate* von *Carl Friedrich Gauß*. Bestimmt wird der im Sinne des kleinsten quadratischen Fehlers optimale Parametersatz von verrauschten Messwerten.

Die in Abschnitt 2.1.3 beschriebenen Verfahren beruhen auf der *Methode der kleinsten Quadrate*. Die *Methode der kleinsten Quadrate* schätzt hinsichtlich des quadratischen Fehlers optimal, besitzt aber den Nachteil, dass sie nur jeweils einen Parametersatz mit Hilfe der Daten beschreiben kann. Um mehrere Parametersätze in einem Datensatz bestimmen zu können, muss deshalb ein robustes Schätzverfahren vorgeschaltet werden, das die Daten den unterschiedlichen Parametersätzen zuordnen und mit Ausreißern umgehen kann. Zu diesem Zweck [Zhang 1997] wird häufig die *Hough-Transformation* [Hough 1962; Duda u. Hart 1972] und ihre Abwandlungen oder *Random Sample Consensus* (RANSAC) [Fischler u. Bolles 1981] herangezogen.

Im Folgenden wird die *Hough-Transformation* beschrieben, auf die verschiedenen Varianten eingegangen und deren Eignung für die hier vorliegenden Aufgaben diskutiert. Eine vorteilhafte Variante, die *Randomized Hough Transform* (RHT) wird im Abschnitt 2.1.2 genauer beschrieben. Danach werden in Abschnitt 2.1.3 unterschiedliche, auf der Methode der kleinsten Quadrate basierende Verfahren vorgestellt, die eine präzisere Bestimmung eines Parametersatzes ermöglichen sollen. Eines der Verfahren, der *M-Estimator* [Huber 1964] wird im Abschnitt 2.1.4 vorgestellt.

2.1.1 Methoden zur Identifikation von Kurvenkandidaten

Die *Hough-Transformation* wird in mehreren Schritten durchgeführt. Zuerst wird
eine Umrechnung der Datenpunkte im Bild- oder Ortsraum in eine parametrisierte
Kurve oder Fläche bestimmt. Eine Kurve kann durch einen Punkt im Parameter-
raum repräsentiert werden. Eine Gerade kann z. B. durch einen Winkel und einem
Abstand zum Ursprung parametrisiert werden. Ein Punkt im Ortsraum wird, beim
Beispiel einer Geraden, in eine sinusförmige Kurve transformiert. Die Sinuskur-
ven der Punkte, die zu einer Geraden gehören, schneiden sich in einem Punkt im
Parameterraum. Für jeden Punkt im Ortsraum wird eine Kurve in den Parameter-
raum eingezeichnet und die Werte im Parameterraum dabei akkumuliert. Nach der
Akkumulation aller Sinus-Kurven wird der Akkumulator hinsichtlich lokaler Ma-
xima ausgewertet. Jedes Maximum steht im Beispiel für eine potenzielle Gerade
[Duda u. Hart 1972].

Über die *Hough-Transformation* und deren Abwandlungen stehen viele Ver-
gleichsstudien zur Verfügung, die die Leistungsfähigkeit, Vor- und Nachteile der
einzelnen Varianten bewerten, z. B. [Princen u. a. 1989; Yuen u. a. 1990; Kalviainen u. a. 1995]. Die folgenden Ausführungen beziehen sich auf die letzte der drei
Veröffentlichung [Kalviainen u. a. 1995], da diese die zuvor verglichenen Methoden in ihrer Bewertung berücksichtigt.

Die Einsatzmöglichkeiten der *Standard-Hough-Transformation* werden vor allem
durch den hohen Speicherbedarf für den Akkumulator, gerade bei höherdimen-
sionalen Parametrisierungen und den mit der Anzahl Datenpunkte steigenden Rechenaufwand begrenzt. Diesen Schwierigkeiten wird in der Hauptsache mit drei
Maßnahmen begegnet.

- Statt einen Punkt im Ortsraum in viele Punkte des Parameterraums abzubilden, werden mehrere Punkte im Ortsraum in einen Punkt des Parameterraums gewandelt. So lassen sich aus zwei Punkten die Parameter einer po-
  tentiellen Gerade bestimmen, oder aus drei Punkten die eines Kreises. Dies
  macht die nachfolgend genannten Optimierungen möglich.

- Der Akkumulator wird bei dieser Vorgehensweise lediglich zu kleinen Teilen genutzt. Somit wird ein beträchtlicher Teil des aufgewendeten Speicher-
  platzes nicht verwendet. Stattdessen kann eine Liste ausschließlich mit den
  Parametersätzen die tatsächlich auftreten geführt werden. Diese belegt den
  minimal notwendigen Speicherplatz. Die Suche nach bereits vorhandenen
  Parametersätzen wird dadurch jedoch erschwert, da hier ein direkter Zugriff auf Koordinaten im Parameterraum und die Interpretation von Nach-
  barschaftsbeziehungen nicht möglich ist. Der schnelle Zugriff kann durch

Verwendung einer Baumstruktur oder einer Hash-Tabelle realisiert werden. Die Baumstruktur ermöglicht zudem den schnellen Zugriff auf Nachbarn eines Parametersatzes.

- Die dritte wichtige Maßnahme ist die Reduktion des Rechenaufwandes durch zufallsbasiertes Ziehen von Datenpunkten oder durch Einschränkung des Suchraums. Durch die Beschränkung auf eine Untermenge von Punkten kann der Aufwand deutlich reduziert und dennoch eine hohe Genauigkeit erreicht werden [Kalviainen u. a. 1995].

Die sogenannte *Randomized-Hough-Transform* (RHT) [Xu u. a. 1990] verbindet all diese Herangehensweisen in vorteilhafter Weise. Von den Autoren wird gezeigt, dass die Varianten der RHT [Xu u. Oja 1993; Kalviainen u. a. 1995] gegenüber anderen Weiterentwicklungen der *Hough-Transformation* sehr gute Ergebnisse hinsichtlich niedrigem Speicherbedarf, guter Genauigkeit und hoher Berechnungsgeschwindigkeit erreichen [Kalviainen u. a. 1995]. Die RHT wird in dieser Arbeit verwendet und im Abschnitt 2.1.2 genauer vorgestellt.

Das bekannte Verfahren *Random Sample Consensus* (RANSAC) nach [Fischler u. Bolles 1981] wird in ähnlicher Weise wie die RHT durchgeführt, unterscheidet sich jedoch in wichtigen Punkten. Es werden ebenfalls Datenpunkte aus der Gesamtmenge an Datenpunkten zufällig gezogen und damit ein Parametersatz berechnet. Dieser wird jedoch sofort getestet, indem die Anzahl Datenpunkte, die dieser Parametersatz erklärt, gezählt werden. Diese Abfolge wird sehr oft wiederholt, bis man auf Basis wahrscheinlichkeitstheoretischer Abschätzungen, z. B. mit einer Konfidenz von 95%, davon ausgegangen werden kann, dass mindestens einmal ein sinnvoller Parametersatz bestimmt werden konnte. Es wird der Parametersatz verwendet, der die größte Anzahl Datenpunkte in seiner Umgebung erklärt [Fischler u. Bolles 1981].

Eine weitere Abwandlung der *Hough-Transformation*, die *Probabilistic Hough-Transform* (PHT), wird in [Kiryati u. a. 1991] vorgestellt. Sie funktioniert vergleichbar der *Hough-Transformation* nach [Duda u. Hart 1972] mit einer Abbildung eines Punktes in viele Punkte des Parameterraums. Der Unterschied besteht darin, dass nicht mehr systematisch alle Punkte des Raumes in Kurven des Parameterraums konvertiert werden, sondern eine zufällig ausgewählte Untermenge. Es wird davon ausgegangen, dass diese Untermenge zu einem vergleichbaren Ergebnis hinsichtlich der Maxima im Akkumulator kommen wird. In [Kiryati u. a. 2000] wurden einheitliche Methoden zum Vergleich von PHT und RHT vorgestellt und damit die Stärken und Schwächen der Verfahren untersucht. Die RHT zeigt dabei Vorteile bei niedrigem Rauschanteil, die PHT bei hohem Rauschanteil.

Aufgrund ihrer vorteilhaften Eigenschaften hinsichtlich Speicherbedarf und Geschwindigkeit wird in dieser Arbeit die RHT verwendet und weiterentwickelt. Sie wird im Folgenden genauer beschrieben.

2.1.2 Randomized-Hough-Transform (RHT)

Die *Randomized-Hough-Transform* (RHT) [Xu u. a. 1990; Kultanen u. a. 1990; Xu u. Oja 1993] bildet, ähnlich wie die *Hough-Transformation*, Kurven in ihren Parameterraum ab. Das Grundprinzip der RHT ist in Abbildung 2.1 dargestellt.

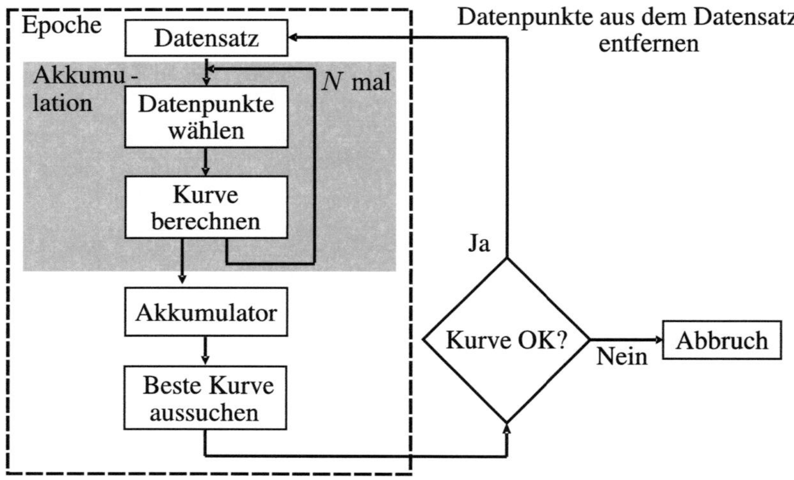

Bild 2.1: Grundprinzip der Randomized-Hough-Transform.

Ausgangspunkt sind z. B. Datenpunkte aus einem Kantenbild, das verschiedene Kurven enthält, die der gesuchten parametrischen Form, z.B. einer Geraden, einem Kreis, einer Parabel etc. entsprechen. Zudem sind im Bild Datenpunkte enthalten, die sogenannte Pseudokurven formen. Das sind Punkte, die zufällig etwa der gesuchten Form entsprechen. Die letzte Klasse von Punkten sind die, welche durch Ausreißer zustande kommen. Die RHT soll alle Datenpunkte des Datensatzes den drei genannten Klassen zuordnen. Dazu werden zufällig, entsprechend der Anzahl der Freiheitsgrade des gesuchten Modells, Datenpunkte gezogen und damit die gesuchte Kurve berechnet. Bei einer Geraden werden zwei Punkte verwendet, bei einem Kreis und einer Parabel drei Punkte etc. Die berechneten Parameter werden diskretisiert in einem Akkumulator gespeichert. Ist der berechnete Parametersatz bereits vorhanden, so wird der Zählerstand dieses Parametersatzes um eins erhöht. Ist der Parametersatz noch nicht vorhanden, so wird er mit dem Zählerstand eins neu hinzugefügt. Nachdem eine Anzahl von N Iterationen durchgeführt ist, wird der Parametersatz mit dem größten Zählerstand ausgewählt und getestet. Dazu wird die Anzahl der Datenpunkte bestimmt, die sich innerhalb eines δ-Schlauches um die Kurve befinden. Überschreitet die Anzahl der Punkte einen vorher festgelegten Schwellwert, so wird der Parametersatz als „wahre" Kurve übernommen, ansonsten als Pseudokurve verworfen. Bei einer „wahren" Kurve werden anschließend die zugehörigen Datenpunkte aus dem Datensatz gelöscht. Anschließend beginnt eine weitere Epoche mit N Iterationen. Die Suche nach Kurven wird eingestellt, sobald die Kurvenprüfung ohne Erfolg ist. Alle noch vorhandenen Datenpunkte werden den Ausreißern und Pseudokurven zugeordnet [Xu u. a. 1990; Kultanen u. a. 1990; Xu u. Oja 1993].

2.1.2.1 Variationen der RHT

Es gibt mehrere Variationen der RHT, die in [Xu u. Oja 1993; Kalviainen u. a. 1995] beschrieben sind. Diese unterscheiden sich hinsichtlich der Kombination mehrerer Merkmale, z. B. Art des Akkumulators:

- Akkumulator kontinuierlich; erst Akkumulation, dann Ballung

  - höhere Genauigkeit
  - höherer Speicherbedarf

- Akkumulator diskretisiert; Diskretisierung bei jeder Iteration

  - geringere Genauigkeit
  - kleinerer Speicherbedarf

Wahl der Abbruchkriterien:

- Abbruchkriterium: Anzahl Iterationen in einer Epoche

  - immer anwendbar

- Abbruchkriterium: Schwellwert für den Zählerstand eines Parametersatzes erreicht

  - nur bei diskretem Akkumulator möglich
  - ergänzend zur Anzahl Iterationen
  - Beschleunigung der Akkumulation, wenn Kurven vorhandenen sind

Speicherung des Akkumulators:

- Hough-Raum

    - begrenzter Ausschnitt aus dem Parameterraum

    - diskretisiert

    - einfacher und schneller Zugriff

    - Nachbarschaftsinformation vorhanden

    - großer Speicherplatzbedarf

- Liste

    - unbegrenzter Ausschnitt aus dem Parameterraum

    - diskretisiert oder kontinuierlich

    - langsamer Zugriff

    - keine Nachbarschaftsinformation

    - kleiner Speicherplatzbedarf

- Hash-Tabelle

    - unbegrenzter Ausschnitt aus dem Parameterraum

    - diskretisiert oder kontinuierlich

    - schneller Zugriff

    - keine Nachbarschaftsinformation

    - mittlerer Speicherplatzbedarf

- Baumstruktur

    - unbegrenzter Ausschnitt aus dem Parameterraum

    - diskretisiert

    - schneller Zugriff

    - Nachbarschaftsinformation vorhanden

    - mittlerer Speicherplatzbedarf

Wiederverwendung des Akkumulators:

- Löschen des Akkumulators nach der Extraktion einer Kurve

– Sinnvoll, wenn wenige Kurven zu erwarten sind

- Weiterverwendung des Akkumulators nach Extraktion einer Kurve

  – Vorteilhaft bei mehreren Kurven ähnlicher Länge

Verwendung von Fenstern:

- Verwendung von sich zufällig oder systematisch ändernder, kleiner Ausschnitte aus dem Datensatz

  – kleine Anzahl an Datenpunkten, dadurch schnelle Akkumulation

  – geeignet für die Suche nach kurzen Kurvensegmenten

  – vorteilhaft, wenn Modellwissen über spezielle Einschränkungen bezüglich möglicher Parameter vorhanden ist

- Verwendung des kompletten Datensatzes

  – auch für große und vollständige Kurven geeignet

  – langsamer

  – ohne Vorwissen einsetzbar

Grob- / Feinsuche:

- RHT stark diskretisiert, dann RHT fein diskretisiert oder kontinuierlich

  – schnell durch starke Diskretisierung und Verwendung eines Fensters im zweiten Durchgang

  – gut anwendbar, falls das Rauschen der wahren Kurven gering ist

- RHT stark diskretisiert, dann LS oder M-Estimator

  – schnell durch starke Diskretisierung und Verwendung eines Fensters im zweiten Durchgang

  – auch bei stärkerem Rauschen der wahren Kurven verwendbar

Es ergeben sich somit viele Kombinationsmöglichkeiten. Viele der resultierenden Varianten wurden in [Kalviainen u. a. 1995] miteinander und mit anderen Varianten der Hough-Transformation anhand synthetischer und natürlicher Bilder verglichen. Fazit der Untersuchung ist, dass die RHT-Varianten hinsichtlich eines sinnvollen Kompromisses aus Rechenzeit, Speicherbedarf für den Akkumulator und

Genauigkeit den anderen Verfahren überlegen sind. Ziel ist, entsprechend der gestellten Aufgabe und dem vorhandenen Vorwissen, eine vorteilhafte Kombination der oben genannten Merkmale zu wählen.

Zusätzlich zu den oben genannten Möglichkeiten aus [Xu u. Oja 1993; Kalviainen u. a. 1995] kann es bei einer hohen Anzahl Datenpunkte und vielen verschiedenen Kurven von Vorteil sein, den Schwellwert des Zählers zu erhöhen und einen zusätzlichen niedrigeren Schwellwert einzuführen. Abbruchkriterium ist dann das Erreichen des höheren Schwellwerts oder der maximalen Anzahl Iterationen. Alle Parametersätze, deren Zähler den niedrigeren Schwellwert übersteigen, werden ebenfalls getestet. Werden sie als wahre Kurven identifiziert, so werden ihre Datenpunkte vor der nächsten Akkumulation entfernt. Dies ist insbesondere dann vorteilhaft, wenn zu erwarten ist, dass mehrere Parametersätze aufgrund ihrer vergleichbar hohen Anzahl Datenpunkte einen ähnlichen Zählerstand erreichen werden. Die Vorgehensweise ist vergleichbar dem Ansatz, einen Akkumulator nach Extraktion einer Kurve weiter zu verwenden, bis der nächste Parametersatz den vorgegebenen Zählerstand erreicht.

Beim RANSAC werden weder die wiederholte Berechnung eines Parametersatzes berücksichtigt noch ist ein früherer Abbruch vorgesehen. Deshalb ist die RHT dem RANSAC hinsichtlich der Rechenzeit überlegen [Xu u. Oja 1993].

2.1.2.2 Wahl geeigneter Parameter für die Abbruchkriterien

Angenommen, es ist aufgrund von Vorwissen bekannt, welche minimale Länge einer Kurve zu erwarten ist, dann kann dies in vorteilhafter Weise genutzt werden, um Berechnungszeit zu sparen. Z. B. kann im Falle von Kreisen oder Ellipsen aus den Parametern die Länge der Kurve direkt bestimmt werden. Wird also ein Parametersatz, der auf eine zu kleine Kurvenlänge hinweist, berechnet, so kann dieser direkt verworfen werden. Auch kann die RHT abgebrochen werden, sobald nicht mehr genügend Datenpunkte vorhanden sind, um die Kurve minimaler Länge zu formen. Dies ist insbesondere dann von Vorteil, wenn im Verhältnis zu den „wahren" Kurven wenige Rauschpunkte vorhanden sind. Ein weiteres Optimierungskriterium ist die notwendige Anzahl Zufallsversuche, um mit einer vorgegebenen Konfidenz die Kurve minimaler Länge – soweit vorhanden – detektieren zu können. Dies soll im Folgenden untersucht werden. Diese Abschätzung der nötigen Anzahl Zufallsversuche ist in ähnlicher Art und Weise in [Kiryati u. a. 2000] und [Guo u. a. 2006] zu finden.

Zur Abschätzung der Anzahl nötiger Zufallsversuche in Abhängigkeit von der minimalen Kurvenlänge wird das hypothetische Urnenmodell „Ziehen von Kugeln aus einer Urne ohne Zurücklegen" bzw. eine hypergeometrische Verteilung herangezogen. Die Anzahl der Datenpunkte m entspricht der Gesamtzahl an Kugeln in der Urne. Die Kurve minimaler Länge beinhaltet m_{Kurve} Datenpunkte. Zur Bestimmung eines Parametersatzes werden k Datenpunkte benötigt.

Gesucht ist die Wahrscheinlichkeit, genau k schwarze Kugeln, also k Punkte der gesuchten Kurve in der Menge an Kantenpunkten zu finden, wenn k mal ohne Zurücklegen gezogen wird. Dies wird als Ereignis A bezeichnet. Die Wahrscheinlichkeit $P(A) = p_{\text{Kurve}}$ für diesen Fall kann mit Hilfe der Kombinatorik [Bronstein u. a. 1999] berechnet werden:

$$p_{\text{Kurve}} = \frac{\binom{m_{\text{Kurve}}}{k}\binom{m-m_{\text{Kurve}}}{k-k}}{\binom{m}{k}} \quad , \text{mit} \tag{2.1}$$

$$\binom{m}{k} = \frac{m!}{k! \cdot (m-k)!} \quad ; m! = \prod_{i=1}^{m} i \quad \text{und} \quad 0! = 1 \quad \text{folgt} \tag{2.2}$$

$$\binom{m-m_{\text{Kurve}}}{k-k} = 1 \quad \text{sowie} \tag{2.3}$$

$$p_{\text{Kurve}} = \frac{\frac{m_{\text{Kurve}}!}{k!(m_{\text{Kurve}}-k)!} \cdot 1}{\frac{m!}{k!(m-k)!}} = \frac{m_{\text{Kurve}}! \cdot (m-k)!}{(m_{\text{Kurve}}-k)! \cdot m!} = \frac{\prod_{i=1}^{m_{\text{Kurve}}}(i) \cdot \prod_{i=1}^{m-k}(i)}{\prod_{i=1}^{m_{\text{Kurve}}-k}(i) \cdot \prod_{i=1}^{m}(i)} \tag{2.4}$$

Es ergibt sich

$$p_{\text{Kurve}} = \frac{\prod_{i=m_{\text{Kurve}}-k+1}^{m_{\text{Kurve}}}(i)}{\prod_{i=m-k+1}^{m}(i)} \quad . \tag{2.5}$$

Für große m_{Kurve} und große m ergibt sich näherungsweise

$$\hat{p}_{\text{Kurve}} \approx \left(\frac{m_{\text{Kurve}}}{m}\right)^{k} \quad . \tag{2.6}$$

Die Wahrscheinlichkeit $P(B)$ für das komplementäre Ereignis B ist somit

$$P(B) = 1 - p_{\text{Kurve}} \quad . \tag{2.7}$$

Dieses Zufallsexperiment wird nun N-fach durchgeführt. Gesucht ist die Wahrscheinlichkeit dafür, dass mindestens v mal das Ereignis A eintritt. Zuerst wird die Wahrscheinlichkeit dafür berechnet, dass genau v mal das Ereignis A eintritt. Dies entspricht der Berechnung eines Wertes einer Binomialverteilung [Bronstein u. a. 1999].

$$W^N_{p_{\text{Kurve}}} = \binom{N}{v} p^v_{\text{Kurve}} (1 - p_{\text{Kurve}})^{N-v} \quad (v = 0, 1, \ldots, N) \tag{2.8}$$

Somit ergibt sich die Wahrscheinlichkeit dafür, dass das Ereignis A mindestens v mal eintritt als Summe der Einzelwahrscheinlichkeiten.

$$p_{\text{min. Zählerstand}} = \sum_{i=v}^{N} \binom{N}{i} p^i_{\text{Kurve}} (1 - p_{\text{Kurve}})^{N-i} \tag{2.9}$$

$$= 1 - \sum_{i=0}^{v-1} \binom{N}{i} p^i_{\text{Kurve}} (1 - p_{\text{Kurve}})^{N-i} \tag{2.10}$$

Ausgehend von einer gewünschten Konfidenz $p_{\text{min. Zählerstand}}$, einer Wahrscheinlichkeit p_{Kurve} wahre Kurvenpunkte zu ziehen und einem minimalen Zählerstand v, lässt sich die gesuchte Mindestanzahl von Zufallsversuchen N mit Hilfe iterativer, numerischer Verfahren bestimmen. Die Anwendung dieser Information wird in Abschnitt 4.2.2 anhand der Kreisschätzung gezeigt.

2.1.3 Grundlagen der Methode der kleinsten Fehlerquadrate

Ausgehend von den mit der RHT geschätzten Parametern kann zur Erhöhung der Genauigkeit die *Methode der kleinsten Quadrate* bzw. eine robuste Abwandlung, der sogenannte *M-Estimator* [Huber 1964] angewandt werden. Der *M-Estimator* wird im Folgenden aus der *Methode der kleinsten Quadrate* hergeleitet. Dieser Abschnitt orientiert sich hinsichtlich der Nomenklatur und Herleitung an [Stiller 2006].

Kann der Zusammenhang zwischen Messungen b_i und Parametern x_j in Form eines Gauß-Markov-Modells aufgestellt werden, so können die Parameter, die zum minimalen quadratischen Fehler führen, geschätzt werden. Es gilt für die idealen Beobachtungen

$$\mathbf{b} = \mathbf{A}\mathbf{x} \quad , \tag{2.11}$$

mit m idealen Beobachtungen $\mathbf{b} = (b_1, b_2, \ldots, b_m)^\mathrm{T}$, den n idealen Parametern $\mathbf{x} = (x_1, x_2, \ldots, x_n)^\mathrm{T}$ und der Designmatrix $\mathbf{A}$. Da keine idealen sondern unsicherheitsbehaftete Beobachtungen vorliegen, wird der Fehlervektor ϵ hinzugefügt.

$$\mathbf{b} = \tilde{\mathbf{b}} - \epsilon \Rightarrow \epsilon = \tilde{\mathbf{b}} - \mathbf{b} = \tilde{\mathbf{b}} - \mathbf{A}\mathbf{x} \tag{2.12}$$

Da der wahre Parametervektor $\mathbf{x}$ nicht bekannt ist, wird er geschätzt. Daher können auch die Residuen ϵ nur geschätzt werden. Somit ergibt sich die Gleichung einer einzelnen Messung zu

$$f_i(\hat{\mathbf{x}}) = \tilde{b}_i - \mathbf{a}_i^\mathrm{T}\hat{\mathbf{x}} = \hat{\epsilon}_i \ , \tag{2.13}$$

mit dem Spaltenvektor $\mathbf{a}$, der einer Zeile der Designmatrix $\mathbf{A}$ entspricht. In Matrixschreibweise wird dies zu

$$\hat{\epsilon} = \tilde{\mathbf{b}} - \mathbf{A}\hat{\mathbf{x}} \ . \tag{2.14}$$

Der Ansatz der kleinsten Fehlerquadrate wählt den Parametervektor $\hat{\mathbf{x}}$, dessen Summe der Residuenquadrate $\hat{\epsilon}^\mathrm{T}\hat{\epsilon}$ minimal ist.

$$\eta(\hat{\mathbf{x}}) = \hat{\epsilon}^\mathrm{T}\hat{\epsilon} = (\tilde{\mathbf{b}} - \mathbf{A}\hat{\mathbf{x}})^\mathrm{T}(\tilde{\mathbf{b}} - \mathbf{A}\hat{\mathbf{x}}) = \tilde{\mathbf{b}}^\mathrm{T}\tilde{\mathbf{b}} - 2\tilde{\mathbf{b}}^\mathrm{T}\mathbf{A}\hat{\mathbf{x}} + \hat{\mathbf{x}}^\mathrm{T}\mathbf{A}^\mathrm{T}\mathbf{A}\hat{\mathbf{x}} \to \min \tag{2.15}$$

Durch Ableiten und Nullsetzen, siehe z. B. [Stiller 2006] ergibt sich der Kleinste-Quadrate-Schätzer zu

$$\hat{\mathbf{x}} = (\mathbf{A}^\mathrm{T}\mathbf{A})^{-1}\mathbf{A}^\mathrm{T}\tilde{\mathbf{b}} \ . \tag{2.16}$$

Dabei muss $\mathbf{A}$ vollen Rang besitzen, damit $(\mathbf{A}^\mathrm{T}\mathbf{A})$ invertierbar ist. $(\mathbf{A}^\mathrm{T}\mathbf{A})^{-1}\mathbf{A}^\mathrm{T}$ wird Pseudoinverse genannt.

Dieser Ansatz ist anwendbar, wenn voneinander unabhängige Messungen mit gaußverteilten Fehlern gleicher Varianz angenommen werden können. Er wird auch *Least Squares Schätzer* (LS) oder *Ordinary Least Squares* (OLS) genannt.

Falls die Messwerte unterschiedliche Unsicherheiten besitzen, kann dies in den Gleichungen berücksichtigt werden [Aitken 1935]. So bekommen diejenigen Messgleichungen ein geringeres Gewicht, deren Messwerte eine größere Unsicherheit besitzen. Bisher galt:

$$f_i(\hat{\mathbf{x}}) = \tilde{b}_i - \mathbf{a}_i^\mathrm{T}\hat{\mathbf{x}} \ . \tag{2.17}$$

Dies wird nun gewichtet:

$$f_i'(\hat{\mathbf{x}}) = \sqrt{w_i}(\tilde{b}_i - \mathbf{a}_i^\mathrm{T}\hat{\mathbf{x}}) = \hat{\epsilon}_i \ . \tag{2.18}$$

Für den Fall voneinander unabhängiger Beobachtungen ergibt sich z. B. für die Gewichtung entsprechend der Messunsicherheiten:

$$f_i'(\hat{\mathbf{x}}) = \frac{1}{\sigma_i}(\tilde{b}_i - \mathbf{a}_i^{\mathrm{T}}\hat{\mathbf{x}}) \quad . \tag{2.19}$$

Im allgemeinen Fall mit korrelierten Beobachtungen gilt

$$\hat{\epsilon}^{\mathrm{T}}\mathbf{W}\hat{\epsilon} = \eta(\hat{\mathbf{x}}) = \sum_{i=1}^{m}\sum_{j=1}^{m}(\tilde{b}_i - \mathbf{a}_i^{\mathrm{T}}\hat{\mathbf{x}})w_{ij}(\tilde{b}_j - \mathbf{a}_j^{\mathrm{T}}\hat{\mathbf{x}}) \quad . \tag{2.20}$$

In Matrixschreibweise ergibt sich für die zu minimierende Funktion:

$$\hat{\epsilon}^{\mathrm{T}}\mathbf{W}\hat{\epsilon} = (\tilde{\mathbf{b}} - \mathbf{A}\hat{\mathbf{x}})^{\mathrm{T}}\mathbf{W}(\tilde{\mathbf{b}} - \mathbf{A}\hat{\mathbf{x}}) \quad , \tag{2.21}$$

woraus die Lösung

$$\hat{\mathbf{x}} = (\mathbf{A}^{\mathrm{T}}\mathbf{W}\mathbf{A})^{-1}\mathbf{A}^{\mathrm{T}}\mathbf{W}\tilde{\mathbf{b}} \tag{2.22}$$

folgt, mit $\mathbf{W} = \mathrm{diag}(w_1, w_2, \ldots, w_m)$ für den einfachen Fall voneinander unabhängiger Beobachtungen. Der Fall von gewichteten Messgleichungen wird *Weighted Least Squares* (WLS) genannt.

Hat die Messgleichung nichtlineare Bestandteile, so kann die Pseudoinverse nicht mehr direkt berechnet werden. Dieser allgemeinere Fall kann durch Anwendung eines iterativen Ansatzes gelöst werden [Hartley u. Zisserman 2003].

Es werden Gleichungen mit den gesuchten Parametern auf der einen und bekannten Werten auf der anderen Seite benötigt. Dabei sollen x_j die unbekannten Parameter sein. Die Gleichung wird in der Form

$$f_i(x_1, x_2, x_3, \ldots) = b_i \tag{2.23}$$

aufgestellt, mit b_i als Beobachtungen, deren quadratischer Fehler minimiert werden soll. In Matrixschreibweise ergibt sich $\mathbf{f}(\mathbf{x}) = \mathbf{b}$. Da lediglich Beobachtungen $\tilde{\mathbf{b}}$ und nicht wahre Werte $\mathbf{b}$ gemessen werden können, ergibt sich mit dem Fehlervektor ϵ

$$\mathbf{b} = \tilde{\mathbf{b}} - \epsilon \Rightarrow \mathbf{f}(\mathbf{x}) + \epsilon = \tilde{\mathbf{b}} \quad . \tag{2.24}$$

Dabei soll $\hat{\epsilon}^{\mathrm{T}}\hat{\epsilon} = ||\hat{\epsilon}||^2$ minimiert werden. Die Funktion $\mathbf{f}(\mathbf{x})$ wird als nichtlinear angenommen. Unter der Voraussetzung, dass die Funktion lokal linear angenähert werden kann, ist es möglich, ausgehend von einer ersten Schätzung des Parametervektors $\hat{\mathbf{x}}^{(0)}$ als Startwert eine genauere Lösung zu berechnen. Es wird angenommen, dass die Funktion f in Umgebung von $\hat{\mathbf{x}}^{(0)}$ durch $\mathbf{f}(\hat{\mathbf{x}}^{(0)} + \Delta\hat{\mathbf{x}}) = \mathbf{f}(\hat{\mathbf{x}}^{(0)}) + \mathbf{J}^{(0)}\Delta\hat{\mathbf{x}}$ angenähert werden kann. Dabei ist $\mathbf{J}^{(0)} = \left.\frac{\partial \mathbf{f}(\mathbf{x})}{\partial \mathbf{x}}\right|_{\hat{\mathbf{x}}=\hat{\mathbf{x}}^{(0)}}$ die Jacobi-Matrix von $\mathbf{f}(\mathbf{x})$. Es wird pro Beobachtung eine Gleichung aufgestellt. Zur Berechnung der Jacobi-Matrix wird dann jede Gleichung $f_i(x_1, x_2, x_3, \ldots)$ von $\mathbf{f}(\mathbf{x})$ nach jeder Unbekannten x_j des Parametervektors $\mathbf{x}$ abgeleitet.

$$\mathbf{J}^{(0)} = \mathbf{J}(\mathbf{x}^{(0)}) = \begin{bmatrix} \frac{\partial f_1}{\partial x_1} & \frac{\partial f_1}{\partial x_2} & \frac{\partial f_1}{\partial x_3} & \cdots \\[2ex] \frac{\partial f_2}{\partial x_1} & \frac{\partial f_2}{\partial x_2} & \frac{\partial f_2}{\partial x_3} & \cdots \\[2ex] \frac{\partial f_3}{\partial x_1} & \frac{\partial f_3}{\partial x_2} & \frac{\partial f_3}{\partial x_3} & \cdots \\[2ex] \vdots & \vdots & \vdots & \ddots \end{bmatrix}_{\hat{\mathbf{x}}=\hat{\mathbf{x}}^{(0)}} \tag{2.25}$$

Die Matrix wird üblicherweise mehr Zeilen als Spalten besitzen, da mehr Gleichungen als Unbekannte vorhanden sind.

Gesucht wird $\mathbf{f}(\hat{\mathbf{x}}^{(1)})$, welches $\tilde{\mathbf{b}} - \mathbf{f}(\hat{\mathbf{x}}^{(1)}) \approx \tilde{\mathbf{b}} - \mathbf{f}(\hat{\mathbf{x}}^{(0)}) - \mathbf{J}^{(0)}\Delta\hat{\mathbf{x}} = \hat{\boldsymbol{\epsilon}}^{(0)} - \mathbf{J}^{(0)}\Delta\hat{\mathbf{x}}$ minimiert. Dabei gilt $\hat{\mathbf{x}}^{(1)} = \hat{\mathbf{x}}^{(0)} + \Delta\hat{\mathbf{x}}$ und $\hat{\boldsymbol{\epsilon}}^{(0)} = \tilde{\mathbf{b}} - \mathbf{f}(\hat{\mathbf{x}}^{(0)})$. Es soll also $\|\hat{\boldsymbol{\epsilon}}^{(0)} - \mathbf{J}^{(0)}\Delta\hat{\mathbf{x}}\|$ mit Hilfe von $\Delta\hat{\mathbf{x}}$ minimiert werden. Dies ist wieder ein lineares *Least-Squares*-Problem, das mit Hilfe der Berechnung der Pseudoinversen gelöst werden kann.

$$\Delta\hat{\mathbf{x}} = (\mathbf{J}^{(0)\mathrm{T}}\mathbf{J}^{(0)})^{-1}\mathbf{J}^{(0)\mathrm{T}}\hat{\boldsymbol{\epsilon}}^{(0)} = (\mathbf{J}^{(0)\mathrm{T}}\mathbf{J}^{(0)})^{-1}\mathbf{J}^{(0)\mathrm{T}}(\tilde{\mathbf{b}} - \mathbf{f}(\hat{\mathbf{x}}^{(0)})) \tag{2.26}$$

Die Startwerte der Parameter $\hat{x}_i^{(0)}$ werden im Vektor $\hat{\mathbf{x}}^{(0)}$ zusammengefasst.

$$\hat{\mathbf{x}}^{(0)} = \begin{bmatrix} \hat{x}_1^{(0)} \\[1ex] \hat{x}_2^{(0)} \\[1ex] \hat{x}_3^{(0)} \\[1ex] \vdots \end{bmatrix} \tag{2.27}$$

Die Startwerte sind beliebige reelle Werte. Eine gute Näherung ist jedoch notwendig, um eine schnelle Konvergenz und die Konvergenz in das globale Minimum gewährleisten zu können. Ausgehend von den Startwerten der Parameter können diese nun iterativ verbessert werden.

$$\hat{\mathbf{x}}^{(l+1)} = \hat{\mathbf{x}}^{(l)} + \Delta\hat{\mathbf{x}}^{(l)} \tag{2.28}$$

Wobei $\Delta\hat{\mathbf{x}}^{(l)}$ die l-te Lösung des linearen *Least-Squares*-Problems ist.

Diese iterative Lösung kann durch eine Gewichtung ergänzt werden. Es ergibt sich die bekannte Gleichung für den WLS

$$\Delta\hat{\mathbf{x}}^{(l+1)} = (\mathbf{J}^{(l)^{\mathrm{T}}}\mathbf{W}\mathbf{J}^{(l)})^{-1}\mathbf{J}^{(l)^{\mathrm{T}}}\mathbf{W}\hat{\epsilon}^{(l)} \quad . \tag{2.29}$$

Sind die Gleichungen von linearer Form, so wird aus der Jakobimatrix $\mathbf{J}$ die Designmatrix $\mathbf{A}$ mit konstanten Koeffizienten. Die Anfangsschätzung wird zu null gesetzt und somit $\Delta\mathbf{x} = \mathbf{x}$. Somit ergibt sich wieder die ursprüngliche Form $\mathbf{b} = \mathbf{A}\mathbf{x}$.

2.1.4 Robuste Schätzung mittels eines M-Estimators

Nun wird davon ausgegangen, dass Ausreißer in den Messdaten vorhanden sind. Deren Einfluss auf die Berechnung des Parametersatzes soll verkleinert werden. Dies kann mit robusten Schätzern durchgeführt werden. Einer davon ist der sogenannte *M-Estimator* [Huber 1964].

Im Falle des *M-Estimators* wird nicht mehr der quadratische Fehler $\hat{\epsilon}^{\mathrm{T}}\hat{\epsilon}$ minimiert. Stattdessen wird das Quadrat des Residuums durch ein anderes Kriterium

$$\min \sum_i \rho(\hat{\epsilon}_i) \tag{2.30}$$

ersetzt. Die im Kriterium verwendete Funktion muss symmetrisch und positiv definit sein, sowie ein eindeutiges Minimum bei null besitzen. Zudem sollte die Funktion weniger stark steigen als die Parabel des quadratischen Fehlerkriteriums. Statt dieses Kriterium direkt zu minimieren, kann dies als ein *Iterated Reweighted Least Squares* implementiert werden [Zhang 1997]. Sei $\mathbf{x} = (x_1, \ldots, x_n)^{\mathrm{T}}$ der gesuchte Parametervektor. Dann ist $\mathbf{x}$ die Lösung der folgenden n Gleichungen

$$\min \sum_i \psi(\hat{\epsilon}_i)\frac{d\hat{\epsilon}_i}{dx_j} = 0 \quad , \quad \text{für} \quad j = 1, \ldots, n \quad . \tag{2.31}$$

$\psi(\hat{\epsilon}_i) = \frac{d\rho(\hat{\epsilon}_i)}{d\hat{\epsilon}_i}$ wird Einflussfunktion genannt. Durch Definition der Gewichtsfunktion $w(\hat{\epsilon}_i) = \frac{\psi(\hat{\epsilon}_i)}{\hat{\epsilon}_i}$ ergibt sich

$$\sum_i w(\hat{\epsilon}_i)\hat{\epsilon}_i\frac{d\hat{\epsilon}_i}{dx_j} = 0 \quad , \quad \text{für} \quad j = 1, \ldots, n \quad . \tag{2.32}$$

Dies entspricht der Form eines *Iterated Reweighted Least Squares*

$$\min \sum_i w(\hat{\epsilon}_i^{(l-1)})\hat{\epsilon}_i^{(l)2} \quad , \tag{2.33}$$

Dabei ist l die Iterationsnummer. Nach jeder Iteration wird auf Basis des aktuell geschätzten Fehlers $\hat{\epsilon}_i^{(l-1)}$ das Gewicht $w(\hat{\epsilon}_i^{(l-1)})$ jeder Beobachtung neu berechnet und für die nächste Iteration als Gewichtung eingesetzt. Für den *Least-Squares* gilt $\rho(\hat{\epsilon}_i) = \frac{\hat{\epsilon}_i^2}{2}$, $\psi(\hat{\epsilon}_i) = \hat{\epsilon}_i$ und $w(\hat{\epsilon}_i) = 1$. Bei *Cauchy* gilt dagegen $\rho(\hat{\epsilon}_i) = \frac{c^2}{2}\log(1 + (\frac{\hat{\epsilon}_i}{c})^2)$, $\psi(\hat{\epsilon}_i) = \frac{\hat{\epsilon}_i}{1+(\frac{\hat{\epsilon}_i}{c})^2}$ und $w(\hat{\epsilon}_i) = \frac{1}{1+(\frac{\hat{\epsilon}_i}{c})^2}$. Die Gewichtung von Messwerten nimmt also bei größeren Fehlern bezüglich der aktuell geschätzten Parametern gegenüber dem *Least-Squares* ab. Über die Konstante c kann die Breite der Gewichtsfunktion beeinflusst werden.

In [Zhang 1997; Hartley u. Zisserman 2003] werden einige der üblichen Einflussfunktionen (engl. *influence function*) $\psi(\hat{\epsilon}_i) = \frac{d\rho(\hat{\epsilon}_i)}{d\hat{\epsilon}_i}$, sowie die dazugehörenden Gewichtsfunktionen $w(\hat{\epsilon}_i)$ vorgestellt. In Matrixschreibweise ergibt sich mit $\mathbf{W} = \mathrm{diag}(w(\hat{\epsilon}_1), w(\hat{\epsilon}_2), \dots, w(\hat{\epsilon}_m))$ somit

$$\hat{\mathbf{x}}^{(l)} = (\mathbf{A}^{\mathrm{T}}\mathbf{W}^{(l-1)}\mathbf{A})^{-1}\mathbf{A}^{\mathrm{T}}\mathbf{W}^{(l-1)}\tilde{\mathbf{b}} \tag{2.34}$$

für die l-te Iteration. Für homogene Gleichungen von der Form $\mathbf{A}\mathbf{x} = 0$ wird der Parametervektor $\hat{\mathbf{x}}^{(l)}$ mit Hilfe der Singulärwertzerlegung oder der Eigenwertberechnung der Matrix $\hat{\mathbf{B}}'^{(l)} = \tilde{\mathbf{A}}^{\mathrm{T}}\mathbf{W}^{(l-1)}\tilde{\mathbf{A}}$ berechnet.

Um eine ähnliche Effizienz wie der *Least Squares* bei Vorhandensein von Gaußschem Rauschen zu erreichen, muss die Standardabweichung der Beobachtungen bekannt sein. Da diese von Ausreißern beeinflusst ist, wird eine robuste Schätzung des mittleren Fehlers

$$\hat{\sigma}_0 = 1{,}4826 \cdot \left[1 + \frac{5}{m - n}\right] \mathrm{median}\left\{|\hat{\epsilon}_i|\right\} \tag{2.35}$$

verwendet [Zhang 1997], mit der Anzahl Beobachtungen m und der Anzahl Parameter n. Alle Einstellwerte der Gewichtsfunktionen in [Zhang 1997] gelten für eine Standardabweichung von eins und müssen in jeder Iteration mit $\hat{\sigma}_0$ skaliert werden.

2.2 Korrelation

In dieser Arbeit werden im Abschnitt 5 Bilder korreliert, bei denen Teilbereiche nicht berücksichtigt werden dürfen. Im Folgenden wird hergeleitet, wie die Berechnung der Korrelation an diese Anforderung angepasst werden kann.

2.2.1 Korrelation im Ortsbereich

Die Kreuzkorrelation beschreibt die Ähnlichkeit zweier Zufallsvariablen X, Y. Die Zufallsvariablen werden als zweidimensionale Zufallsvariable (X, Y) mit einer gemeinsamen Verteilungsfunktion

$$F(x, y) = P(X \leq x, Y \leq y) \tag{2.36}$$

definiert. Die Kreuzkorrelation ist definiert als

$$\Phi(X, Y) = \mathrm{E}\{X \cdot Y\} = X \circledast Y \ . \tag{2.37}$$

Durch Subtraktion der Mittelwerte $\mu_X = \mathrm{E}\{X\}$ und $\mu_Y = \mathrm{E}\{Y\}$ ergibt sich die Kovarianz

$$\begin{aligned}
\sigma_{XY} &= \mathrm{cov}\{X, Y\} \tag{2.38}\\
&= \mathrm{E}\{(X - \mathrm{E}\{X\}) \cdot (Y - \mathrm{E}\{Y\})\} \tag{2.39}\\
&= \mathrm{E}\{X \cdot Y\} - \mathrm{E}\{X\} \cdot \mathrm{E}\{Y\} \tag{2.40}\\
&= \Phi(X, Y) - \mathrm{E}\{X\} \cdot \mathrm{E}\{Y\} \ . \tag{2.41}
\end{aligned}$$

Die Normierung mit Hilfe der Standardabweichungen $\sigma_X = \sqrt{\mathrm{var}\{X\}}$ und $\sigma_Y = \sqrt{\mathrm{var}\{Y\}}$ führt zum Kreuzkorrelationskoeffizienten

$$\rho_{XY} = \frac{\mathrm{E}\{(X - \mathrm{E}\{X\}) \cdot (Y - \mathrm{E}\{Y\})\}}{\sqrt{\mathrm{var}\{X\}} \cdot \sqrt{\mathrm{var}\{Y\}}} \ . \tag{2.42}$$

Der Kreuzkorrelationskoeffizient ist ein Maß für die lineare Ähnlichkeit der Zufallsvariablen. Er nimmt Werte zwischen -1 und 1 an, wobei 1 einem idealen linearen Zusammenhang entspricht und bei -1 das Vorzeichen einer der Zufallsvariablen gedreht ist. Liegt ein Kreuzkorrelationskoeffizient von 0 vor, so sind die Zufallsvariablen unkorreliert, sie weisen also keinen linearen Zusammenhang auf.

Wird eine zweidimensionale Stichprobe

$$(x, y) = ((x_1, y_1), (x_2, y_2), (x_3, y_4), \ldots (x_N, y_N)) \tag{2.43}$$

der Größe N gezogen, so ergeben sich die Schätzungen der oben genannten Funktionen. Die empirischen Mittelwerte ergeben sich zu

$$\overline{x} = \hat{\mu}_X = \frac{1}{N} \sum_{i=1}^{N} x_i \ \text{ sowie } \ \overline{y} = \hat{\mu}_Y = \frac{1}{N} \sum_{i=1}^{N} y_i \ . \tag{2.44}$$

Die empirischen Standardabweichungen lauten

$$s(x) = \hat{\sigma}_X = \sqrt{\frac{1}{N-1} \sum_{i=1}^{N} (x_i - \overline{x})^2} \tag{2.45}$$

$$= \sqrt{\frac{1}{N-1} \left(\sum_{i=1}^{N} x_i^2 - N \cdot \overline{x}^2 \right)} \tag{2.46}$$

$$s(y) = \hat{\sigma}_Y = \sqrt{\frac{1}{N-1} \sum_{i=1}^{N} (y_i - \overline{y})^2} \tag{2.47}$$

$$= \sqrt{\frac{1}{N-1} \left(\sum_{i=1}^{N} y_i^2 - N \cdot \overline{y}^2 \right)} \ . \tag{2.48}$$

Der Kreuzkorrelationskoeffizient wird mit Hilfe von

$$k_{xy} = \hat{\rho}_{XY} = \frac{\frac{1}{N-1} \sum_{i=1}^{N} (x_i - \overline{x})(y_i - \overline{y})}{s(x)s(y)} \tag{2.49}$$

$$= \frac{\frac{1}{N-1} \left(\sum_{i=1}^{N} x_i y_i - N \cdot \overline{x} \cdot \overline{y} \right)}{s(x)s(y)} \tag{2.50}$$

geschätzt. Die in diesem Abschnitt genutzten Formulierungen stammen aus [Bosch 1998].

Für zwei Bilder g und h ergeben sich die empirischen Mittelwerte zu

$$\overline{g} = \frac{1}{N} \sum_{\mathbf{x}} g(\mathbf{x}) \ , \quad \overline{h} = \frac{1}{N} \sum_{\mathbf{x}} h(\mathbf{x}) \quad . \tag{2.51}$$

Die empirischen Standardabweichungen lauten

$$s(g) = \sqrt{\frac{1}{N-1} \left(\sum_{\mathbf{x}} g(\mathbf{x})^2 - N \cdot \overline{g}^2 \right)} \tag{2.52}$$

$$s(h) = \sqrt{\frac{1}{N-1} \left(\sum_{\mathbf{x}} h(\mathbf{x})^2 - N \cdot \overline{h}^2 \right)} \tag{2.53}$$

und die geschätzte Funktion des Kreuzkorrelationskoeffizienten von der Verschiebung τ berechnet sich zu

$$k_{gh}(\boldsymbol{\tau}) = \frac{\frac{1}{N-1}\left(\sum_{\mathbf{x}} g(\mathbf{x}-\boldsymbol{\tau})h(\mathbf{x}) - N \cdot \overline{g} \cdot \overline{h}\right)}{s(g) \cdot s(h)} \quad . \tag{2.54}$$

Da die verwendeten Bilder nicht unendlich ausgedehnt sind, werden für jede Verschiebung τ die überlappenden Bereiche der beiden Bilder bestimmt und nur diese korreliert.

Unter der Voraussetzung, dass die als zweidimensionale Zufallsvariablen betrachteten Grauwerte der Bilder ergodisch sind, genügt es, die Berechnung der Mittelwerte und Standardabweichungen einmal für jedes Bild durchzuführen. So können die Bilder vor der Korrelation mittelwertfrei gemacht werden und auf die Standardabweichung normiert werden. Die Fehler durch das Voraussetzen von Ergodizität überschreiten je nach Anwendung bei kleinen Bildüberlappungen akzeptable Maße. Deshalb werden die Mittelwerte und Standardabweichungen sowie die Anzahl Bildpunkte $N(\tau)$ in dieser Arbeit in der Regel für jeden Verschiebungsschritt neu berechnet und der Kreuzkorrelationskoeffizient lautet

$$k_{gh}(\boldsymbol{\tau}) = \frac{\frac{1}{N(\boldsymbol{\tau})-1}\left(\sum_{\mathbf{x}} g(\mathbf{x}-\boldsymbol{\tau})h(\mathbf{x}) - N(\boldsymbol{\tau}) \cdot \overline{g}(\boldsymbol{\tau}) \cdot \overline{h}(\boldsymbol{\tau})\right)}{s(g,\boldsymbol{\tau}) \cdot s(h,\boldsymbol{\tau})} \quad . \tag{2.55}$$

In vielen Anwendungsfeldern der Korrelation in der Bildverarbeitung, wie der Korrespondenzschätzung für die Disparitätsbestimmung oder der Berechnung des optischen Flusses, stellt sich die Aufgabe, Verdeckungen in den Bilder zu berücksichtigen, siehe z. B. [Lan u. a. 1995], [Kaneko u. a. 2003] oder [Chambon u. Crouzil 2004].

Bestehen in beiden zu korrelierenden Bildern Bereiche, von denen bekannt ist, dass sie nicht im anderen Bild wiedergefunden werden können, so werden diese von der Korrelation ausgenommen. Dazu werden für beide Bilder Masken mit der Eigenschaft

$$m_g(\mathbf{x}), m_h(\mathbf{x}) = \begin{cases} 1, & \text{falls der Wert korreliert werden kann} \\ 0, & \text{falls der Wert nicht korreliert werden soll} \end{cases} \tag{2.56}$$

erstellt. Unter Berücksichtigung der überlappenden Bereiche wird für die zu korrelierenden Bildausschnitte eine gemeinsame Maske

$$m_{gh}(\mathbf{x}, \boldsymbol{\tau}) = m_g(\mathbf{x}-\boldsymbol{\tau}) \wedge m_h(\mathbf{x}) \tag{2.57}$$

für jeden Verschiebungsschritt berechnet. Die zu berücksichtigende Anzahl Bildpunkte ergibt sich zu

$$N(\tau) = \sum_{\mathbf{x}} m_{gh}(\mathbf{x}, \tau) \ . \tag{2.58}$$

Davon ausgehend können unter Berücksichtigung der Maske die Mittelwerte und Standardabweichungen für jede Verschiebung τ berechnet werden. Der Kreuzkorrelationskoeffizient lautet nun

$$k_{gh}(\tau) = \frac{\sum\limits_{\mathbf{x}} m_{gh}(\mathbf{x}, \tau) \cdot \left(g(\mathbf{x} - \tau)h(\mathbf{x}) - N(\tau) \cdot \overline{g}(\tau) \cdot \overline{h}(\tau) \right)}{(N(\tau) - 1) \cdot s(g, \tau) \cdot s(h, \tau)} \ . \tag{2.59}$$

2.2.2 Korrelation im Frequenzbereich

Für unendlich ausgedehnte Signale lässt sich die Korrelation ebenfalls im Frequenzbereich berechnen. So ergibt sich das Kreuzleistungsdichtespektrum für den eindimensionalen Fall mit den Fouriertransformierten der Signale $G_{\text{rect}}(\omega) = \mathcal{F}\left\{ g(x) \, \text{rect} \left(\frac{x}{2N} \right) \right\}$ und $H_{\text{rect}}(\omega) = \mathcal{F}\left\{ h(x) \, \text{rect} \left(\frac{x}{2N} \right) \right\}$ zu

$$S_{gh}(\omega) = \lim_{N \to \infty} \frac{\mathrm{E}\{ G^*_{\text{rect}}(\omega) \cdot H_{\text{rect}}(\omega) \}}{2N} \ . \tag{2.60}$$

$G^*_{\text{rect}}(\omega)$ ist dabei die konjungiert Komplexe von $G_{\text{rect}}(\omega)$. Durch Rücktransformation in den Ortsbereich erhält man die Kreuzkorrelationsfunktion [Papoulis 1984]

$$\Phi_{gh}(\tau) = \mathcal{F}^{-1}\{ S_{gh}(\omega) \} \ . \tag{2.61}$$

Diese lässt sich auch für diskrete Signale [Brigham 1989] und Bilder [Russ 1999] gleicher Größe formulieren. Dabei ist zu beachten, dass die Berechnung der Korrelation über die diskrete Fouriertransformation mit einer periodischen Fortsetzung der Bilder oder Signale einhergeht [Brigham 1989]. Dies kann gezielt genutzt werden, wie z. B. beim Vergleich der Riefen auf dem Mantel eines Geschosses [Puente León 1999].

Zur Berechnung des Kreuzkorrelationskoeffizienten werden die Bilder zuvor mittelwertfrei gemacht und die Werte durch die Standardabweichungen geteilt.

Soll die Zyklizität in eine oder beide Richtungen ausgeschlossen werden, so können beide Bilder in den gewünschten Richtungen mit Nullen auf mindestens die doppelte Größe erweitert werden. Dadurch kann auch eine Größenanpassung durchgeführt werden. Das Erweitern mit Nullen kann als Multiplikation der beiden Bilder mit Rechteckfunktionen verstanden werden. Dies führt zu einer Überlagerung der Korrelationsfunktion mit einer Dreiecksfunktion. Der Effekt kann bei nicht mittelwertfreien Bildern durch Erweiterung der Bilder auf die doppelte Größe unter Verwendung der Mittelwerte gemildert werden [Russ 1999].

Der Kreuzkorrelationskoeffizient wird wieder durch Verwendung von mittelwertfreien und durch die Standardabweichung geteilten Bildern bestimmt. Es ist zu beachten, dass jetzt die Voraussetzung ergodischer Grauwerte gelten muss. Dies ist im Allgemeinen nicht zutreffend. Daher ist der so berechnete Kreuz-Korrelationskoeffizient lediglich eine Näherung.

Das Standardisieren der Bilder wird vor dem Erweitern durchgeführt. Dadurch wird sichergestellt, dass die Standardabweichungen sich nur auf die Bilder selbst beziehen und nicht auf die Nullen in den aufgefüllten Bereichen. Gleichung (2.54) reduziert sich durch die Standardisierung auf

$$k_{gh}(\boldsymbol{\tau}) = \frac{1}{N-1} \left(\sum_{\mathbf{x}} g_{\text{st}}(\mathbf{x} - \boldsymbol{\tau}) h_{\text{st}}(\mathbf{x}) \right) \quad . \tag{2.62}$$

Die Multiplikation mit $\frac{1}{N-1}$ führt zu einer Verfälschung der Ergebnisse, denn N ist die Anzahl der Bildpunkte der erweiterten Bilder. Korreliert werden sollen jedoch nur die bei jedem Verschiebungsschritt $\boldsymbol{\tau}$ überlappenden Bereiche der kleineren Ursprungsbilder. In dieser Arbeit wird die Korrelation im Frequenzbereich zum Vergleich von Bildern in Polarkoordinaten verwendet. In diesem Falle spielt der hier aufgeführte Fehler eine untergeordnete Rolle. In anderen Anwendungen kann es sinnvoll sein, diesen zu korrigieren.

3 Datenerfassung

3.1 Verfahren zur Datenerfassung

In Abschnitt 1.1 wurden die für den Vergleich relevanten Spurenarten auf der Patronenhülse vorgestellt. In dieser Arbeit werden ausschließlich Spuren untersucht, die sich auf dem Boden der Patronenhülse befinden. Es sollen Informationen über die Spurenverursacher Schlagbolzen, Stoßboden und Auswerfer gewonnen werden. Die genannten Spurenverursacher erzeugen auf der Hülse Abformungen ihrer dreidimensionalen Form sowie ihrer Feinstruktur. Diese gilt es zu erfassen. Nicht von Interesse und mitunter störend sind dagegen die Reflektanzeigenschaften des Hülsenmaterials.

Davon ausgehend stellt sich die Erfassung der dreidimensionalen Form des Hülsenbodens in ausreichender Detailgenauigkeit als sinnvolle Ausgangsbasis für die Extraktion der gesuchten Merkmale dar. Am Beispiel der konfokalen Mikroskopie zeigt sich, dass mittlerweile sowohl die maximal erfassbare Messfläche von ca. 1,6 mm auf 1,6 mm als auch die notwendige Messzeit von derzeit etwa fünf Sekunden pro Position [NanoFocus AG 2007] zur Erfassung des Hülsenbodens geeignet sind. Die Gesamtfläche des Hülsenbodens muss dann durch Bildregistrierung zusammengefügt werden.

Die Erfassung und Verarbeitung von Grauwertbildern bei gezielt eingestellten Beleuchtungen ermöglicht ebenfalls die Beurteilung der Oberflächenstruktur des Objektes anhand der sogenannten *Schattenmodulation*. Dies bietet einige Vorteile. So arbeiten Kriminaltechniker in der Regel mit dieser Art von Bildern zum manuellen Vergleich der Spuren und können diese so leicht interpretieren. Mit Hilfe der Beleuchtung können gezielt Bereiche und Strukturen des Hülsenbodens hervorgehoben oder unterdrückt werden. Derzeit gelingt die Erfassung von Grauwertbildern schneller als die von dreidimensionalen Daten und die Messfläche ist der Größe der Objekte besser angepasst. So muss bei passender Wahl der Optik pro Hülse lediglich in einer Position gemessen werden. Auch die Untersuchung der Feinstruktur ist im Bereich der Stoßbodenspuren bei geeigneter Weiterverarbeitung der Bilddaten möglich. Nachteil ist, dass die Vermessung der genauen dreidimensionalen Oberfläche und somit z. B. die Bestimmung der Form des Schlagbolzens nicht möglich ist und die Reflektanz der Oberfläche die Interpretation der Daten erschwert.

In der Arbeit von *Heizmann* zur Auswertung forensischer Riefenspuren [Heizmann 2004] wird detailliert auf die verschiedenen Verfahren zur Erfassung dreidimensionaler Daten sowie die Vor- und Nachteile der Schattenmodulation eingegangen. In der vorliegenden Arbeit wurde der in [Heizmann 2004] beschriebene Bilderfassungsaufbau zur Gewinnung von Bilddaten verwendet. Der Aufbau der Bilderfassungsstation wird in Bild B.1 im Anhang B beschrieben und verschiedene Verbesserungsmaßnahmen dargelegt.

Die in [Heizmann 2004] verwendeten Abformungen der Werkzeugspuren ermöglichen die Erzeugung definierter, optischer Eigenschaften. Durch passende Wahl des Abformmaterials kann eine diffus streuende Oberfläche erzeugt werden, die in der Untersuchung deutlich besser handhabbar ist als eine metallisch reflektierende Oberfläche. Zudem interessiert gerade die Reflektanz der Oberfläche nicht, sondern die dreidimensionale Feinstruktur der Oberfläche. Gegenüber der Anwendung bei Schraubendreherspuren zeigen Patronenhülsen deutlich größere Höhenunterschiede. Bei Untersuchung des Negativs des Hülsenbodens stören die nun hervorstehenden, für den Vergleich nicht relevanten Vertiefungen der Hülse durch Beschattung interessierender Bildbereiche. Daher könnte eine zweifache Abformung, die ein Positiv des Hülsenbodens erzeugt, sinnvoll sein. Wegen der hohen Anzahl von Verarbeitungsschritten und der Gefahr des Verlusts der Feinstruktur wird im Rahmen dieser Arbeit auf die Verwendung von Abformungen verzichtet.

3.2   Bilderfassung und -verbesserung

Im vorliegenden Anwendungsfall besteht die Möglichkeit, die Aufnahmekonfiguration, d. h. die Aufnahmeposition, die Beleuchtungsbedingungen und die Kameraparameter gezielt einzustellen. Es können mehrere Aufnahmen unter Variation eines oder mehrerer Parameter der Aufnahmekonfiguration aufgenommen werden. Dies ermöglicht vielfältige Einstellmöglichkeiten. Welche Aufnahmekonfiguration genutzt wird, hängt von der Aufgabe und deren Anforderungen ab.

Sollen die Spuren des Stoßbodens auf dem Boden der Patronenhülse untersucht und verglichen werden, so besteht die Aufgabe darin, die Feinstruktur der Oberfläche hervorzuheben. Dies soll unabhängig von den lokalen Vorzugsrichtungen geschehen. So sollen z. B. bei sich kreuzenden Riefen beide Riefenrichtungen gleichermaßen sichtbar sein.

Eine weitere Anforderung besteht darin, dass die Bilddaten des Hülsenbodens invariant gegenüber Rotation sein sollen. Dies ist beispielsweise bei Verwendung einer Spot-Beleuchtung nicht erfüllt, da der Schattenwurf nach einer Rotation der Hülse im Allgemeinen nicht die gleiche Richtung aufweist, siehe Bild 3.1.

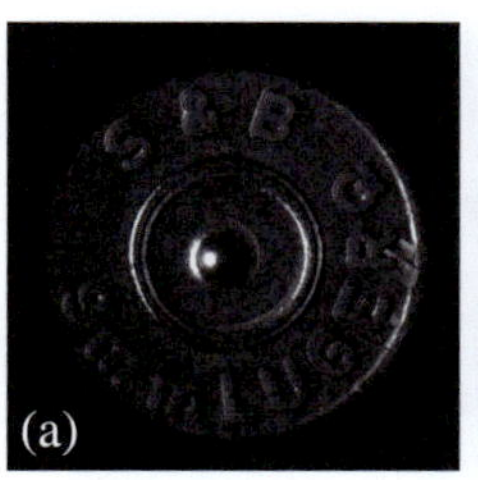
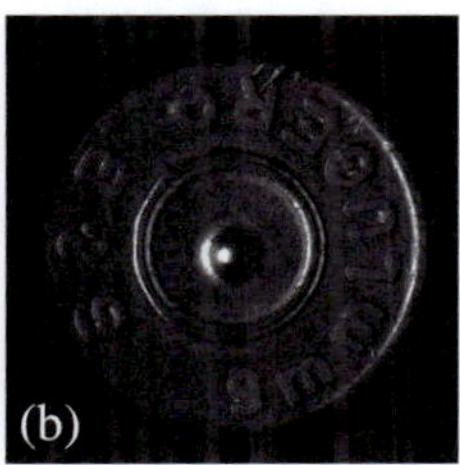

Bild 3.1: Zwei Aufnahmen des Hülsenbodens mit gleicher Beleuchtungsrichtung bei gedrehter Hülse. Nach rotatorischer Ausrichtung der Hülsen wird der Schattenwurf nicht mehr übereinstimmen.

Geht es dagegen um das Auffinden des Schlagbolzeneindrucks oder des Hülsenrandes, so wird verallgemeinert die Begrenzung von näherungsweise ebenen Flächen durch geneigte Flächen gesucht. Die Feinstruktur der Oberfläche interessiert dabei nicht und stört bei dieser Aufgabe. Sie soll daher unterdrückt werden.

Im Folgenden wird auf verschiedene, in der Arbeit genutzte Beleuchtungskonfigurationen eingegangen.

Die Richtung des Lichteinfalls wird mit Hilfe des Elevationswinkels θ relativ zum Normalenvektor der Tangentialebene festgelegt. Der Azimut φ stellt den Winkel zur Achse in der Tangentialebene dar, siehe Bild 3.2.

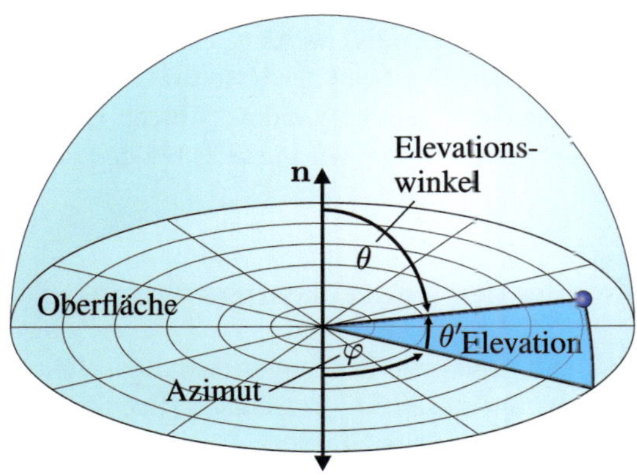

Bild 3.2: Bezeichnung der Beleuchtungswinkel.

Der in Abschnitt B.1 näher beschriebene Bilderfassungaufbau ermöglicht die gezielte und trägheitsfreie Einstellung der Beleuchtung im Winkelbereich von $0° < \varphi < 360°$ sowie $20° < \theta < 90°$.

Dabei ergeben sich die Möglichkeiten zur Erzeugung von Vorzugsrichtungen in Azimut- und Elevationsrichtung wie in Bild 3.3 und Tabelle 3.1 dargestellt.

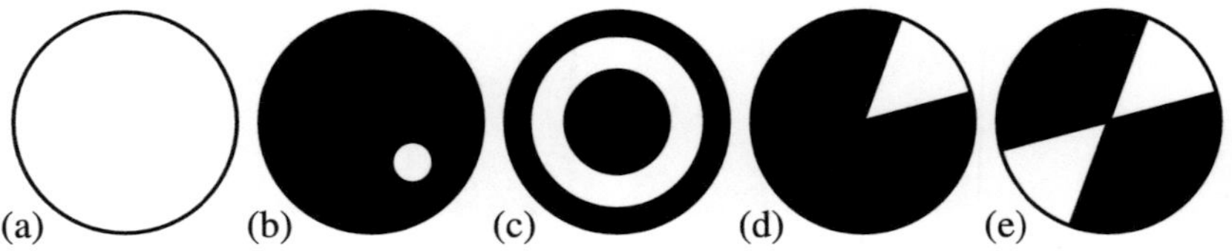

Bild 3.3: Symbolische Darstellung der Beleuchtungskonfigurationen; (a) Homogene Beleuchtung, (b) Spot-Beleuchtung, (c) Ringbeleuchtung, (d) Sektorbeleuchtung, (e) Doppelsektorbeleuchtung.

Beleuchtungsart	Azimut φ	Elevationswinkel θ
Homogene Beleuchtung	nein	nein
Spot-Beleuchtung	ja	ja
Ringbeleuchtung	nein	ja
Sektorbeleuchtung	ja	nein
Doppelsektorbeleuchtung	ja	nein

Tabelle 3.1: Realisierte Beleuchtungsarten und ihre Vorzugsrichtungen bezüglich Azimut und Elevation

Aus dieser Menge an Beleuchtungsarten können nun auf den Anwendungsfall angepasste Beleuchtungen ausgewählt werden. Dabei können die in der Tabelle aufgezeigten Vorzugsrichtungen gezielt zur Unterdrückung oder Verstärkung von Strukturen auf der Oberfläche genutzt werden. Welche Beleuchtungsart genutzt wird und warum diese vorteilhaft ist, wird jeweils bei der Erklärung des Anwendungsfalles erläutert.

3.2.1　Realisierung der Bilderfassungsstation

Die im letzten Abschnitt genannten Konfigurationsmöglichkeiten wurden mit Hilfe der Bilderfassungsstation in Bild 3.4 (b) realisiert [Puente León 1999; Heizmann 2004]. Bild 3.4 (a) zeigt den schematischen Aufbau. Mit Hilfe von drei Linearachsen ist das zu untersuchende Objekt in drei Achsen translatorisch positionierbar. Die Beleuchtung ist durch eine ebene Anordnung von einzeln ansteuerbaren Leuchtdioden realisiert, deren Licht über einen Parabolspiegel auf das Objekt gerichtet wird. Die Bilderfassung wird mit Hilfe einer Digitalkamera sowie eines Makroskops durch eine Öffnung im Parabolspiegel durchgeführt. Weitere Informationen zum Bilderfassungsaufbau sind in Anhang B zu finden.

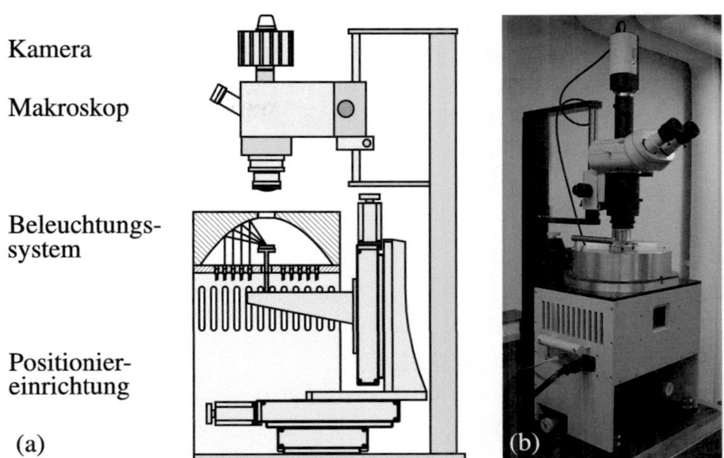

Bild 3.4: (a) Schematischer Aufbau der Bilderfassungsstation; (b) Ansicht der Bilderfassungsstation.

3.2.2 Bildfusion

Häufig kann die Aufnahmekonfiguration nicht so gewählt werden, dass alle interessierenden Bereiche des untersuchten Objekts scharf, hell und kontrastreich dargestellt werden können. Daher wurden Methoden entwickelt, die durch Fusion von Bildserien diesen Konflikt auflösen.

3.2.3 Bildfusion basierend auf lokaler Kontrastoptimierung

In [Puente León 1999] wurde ein Ansatz vorgestellt, kontrastreiche Bilder durch die Fusion von Beleuchtungsserien zu erzeugen. Es wird eine Serie von Bildern in der Regel unter Variation des Azimuts der Beleuchtung aufgenommen. Danach wird als erster Verarbeitungsschritt eine Beleuchtungskarte erstellt, in die für jede Bildkoordinate der wertdiskrete Azimut des Bildes der Beleuchtungsserie eingetragen wird, bei dem der lokale Kontrast maximal ist. Anschließend wird die *Beleuchtungskarte* mit Hilfe eines Tiefpasses zyklisch geglättet. Aus den in der geglätteten *Beleuchtungskarte* gespeicherten kontinuierlichen Werten werden die zwei nächstliegenden Azimutwinkel bestimmt unter denen eine Aufnahme erfolgt ist. Die eigentliche Fusion wird durch bilineare Interpolation der nächstliegenden Grauwerte ausgeführt, siehe Bild 3.5. In diesem Beispiel wird der Grund einer Sacklochbohrung mit Hilfe einer Doppelsektorbeleuchtung partiell sichtbar gemacht. Die Doppelsektorbeleuchtung wird gewählt, um trotz der Tiefe der Bohrung eine ausreichende Beleuchtung am Grund zu erreichen. Dabei unterstützt die Reflexion an den Wänden der Bohrung die Beleuchtung des Bodens. Durch die Optimierung des lokalen Kontrasts werden die nur teilweise beleuchteten Flächen passend fusioniert.

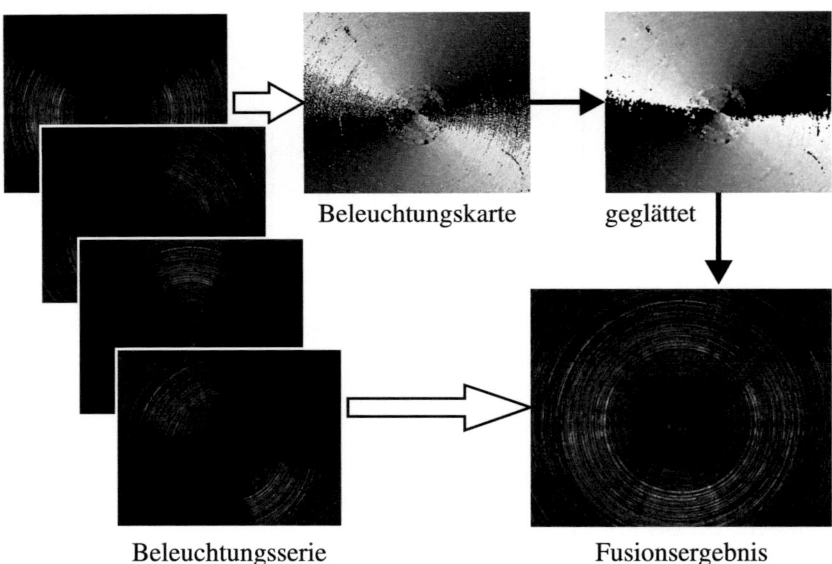

Bild 3.5: Fusion der Beleuchtungsserie mit Doppelsektorbeleuchtung durch Optimierung des lokalen Kontrasts am Beispiel einer Sacklochbohrung.

Der Ansatz ist dem Verfahren *Tiefe aus Fokussierung* vergleichbar, welches den lokalen Kontrast maximiert, um aus der *Tiefenkarte* $2\frac{1}{2}$D Daten zu gewinnen oder ein Bild erweiterter Tiefenschärfe zu erhalten [Jähne 2002]. Dieses Verfahren kann wiederum mit der Fusion von Beleuchtungsserien kombiniert werden [Puente León 1999; Heizmann 2004].

Beide Verfahren basieren auf der Annahme, dass sich die zur Erreichung des maximalen Kontrasts notwendige Bildnummer nicht sprunghaft ändert. Unter dieser Annahme ist es zulässig, die *Beleuchtungs-* und *Tiefenkarten* zu glätten, um Artefakte zu vermeiden.

Wie in Bild 3.5 zu sehen, ist dies erfolgreich, wenn gerichtete Strukturen in genau einer Richtung auf der Oberfläche vorhanden sind. Der maximale Kontrast wird dann erhalten, wenn die Beleuchtungsrichtung senkrecht zur Riefenrichtung steht [Heizmann 2004]. Sind mehrere sich kreuzende Strukturen vorhanden, so führt die Entscheidung für das Maximum des lokalen Kontrastes dazu, dass im Fusionsergebnis entweder nur eine der Riefen gut zu erkennen ist oder Sprünge in der Beleuchtungskarte entstehen, die Artefakte im fusionierten Bild erzeugen. Zu sehen ist dies in Bild 3.6 oben auf dem Zündhütchen. Stoßen Flächen deutlich unterschiedlicher Ausrichtung aufeinander, so kann an der Grenze ein Sprung in der Beleuchtungskarte entstehen. Dies widerspricht der Glattheitsannahme und führt zu Artefakten z. B. im Bereich der Buchstaben. Sprünge in der Beleuchtungskarte von schwarz auf weiß entsprechen dem Sprung des Winkels von 360° auf 0° und erzeugen keine Artefakte im Fusionsergebnis. Alle anderen Sprünge in der Beleuchtungskarte erzeugen Artefakte. Die Artefakte zeigen sich als Grauwertsprünge im Fusionsergebnis.

Dies motiviert die Verwendung eines anderen Fusionsverfahrens, das im nächsten Abschnitt vorgestellt wird.

3.2.4 Bildfusion durch Berechnung der Varianz im Beleuchtungsraum

Beim Betrachten einer Beleuchtungsserie wie in Bild 3.7, bei welcher ausschließlich der Azimut der Beleuchtung variiert wird, fällt auf, dass Glanzlichter auf dem Hülsenrand, dem Zündhütchenrand, dem Rand des Schlagbolzeneindrucks und der Zeichen des Bodenstempels umherlaufen.

Nachfolgend werden einige charakteristische Bildpunkte und deren Intensitätsverlauf herausgegriffen. Der Intensitätsverlauf 3.7 (a) gehört zu einem Bereich des Hülsenbodens, dessen Oberflächennormale näherungsweise in Richtung der optischen Achse zeigt. Da der Winkel zwischen Beleuchtungsrichtung und Oberflächennormale annähernd gleich bleibt, verändert sich die Intensität kaum.

3.7 (b) zeigt den Verlauf der Intensität bei einer schrägen Fläche, hier zur Einprägung eines Buchstabens des Bodenstempels gehörend. Die Grauwerte verändern sich von nahe null bis in die Sättigung des Kamerasensors. Der Verlauf 3.7 (c) gehört zu einer Riefe auf dem Hülsenboden und schwankt weniger stark als in (b), unterscheidet sich aber deutlich von (a).

Die Änderung der Intensität einer Bildkoordinate bei azimutaler Änderung der Beleuchtungsrichtung eignet sich somit als Merkmal zur Unterscheidung waagerechter und geneigter Flächenelemente. Als Maß für die Änderung der Intensität wird die Schätzung der Varianz des Intensitätsverlaufs an jeder Bildkoordinate

$$\overline{g}_\varphi(\mathbf{x}) = \frac{1}{N} \sum_\varphi g(\mathbf{x}, \varphi) \tag{3.1}$$

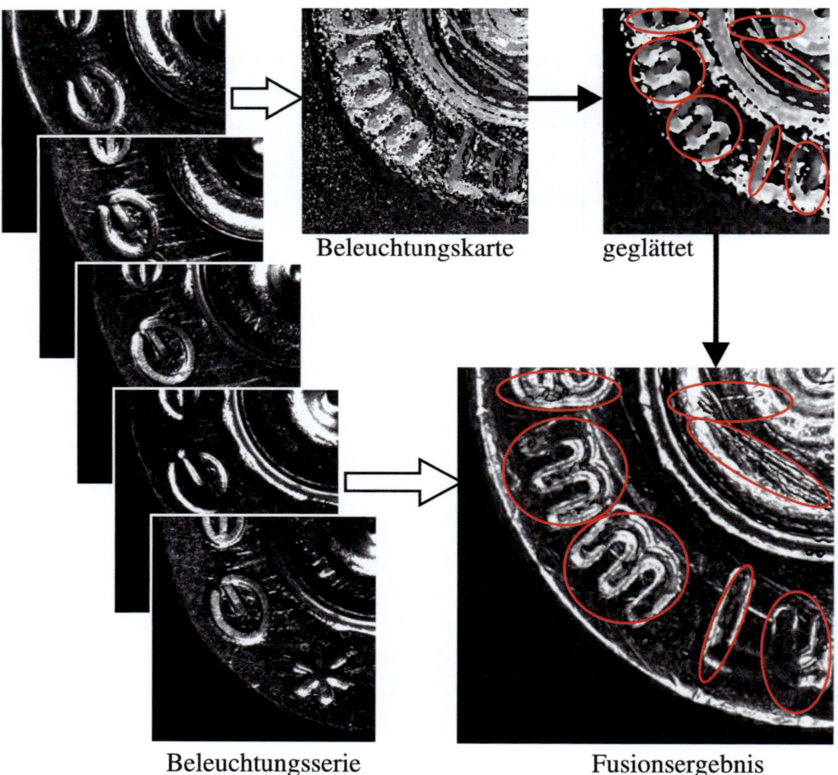

Bild 3.6: Kontrastfusion einer Spotbeleuchtungsserie eines Hülsenbodens. Die Werte der Beleuchtungskarte geben das Bild mit maximalem lokalen Kontrast an. Sprünge in der Beleuchtungskarte durch zyklische Fortsetzung des Beleuchungswinkels sowie – rot markiert – bei Verletzung der Glattheitsbedingung.

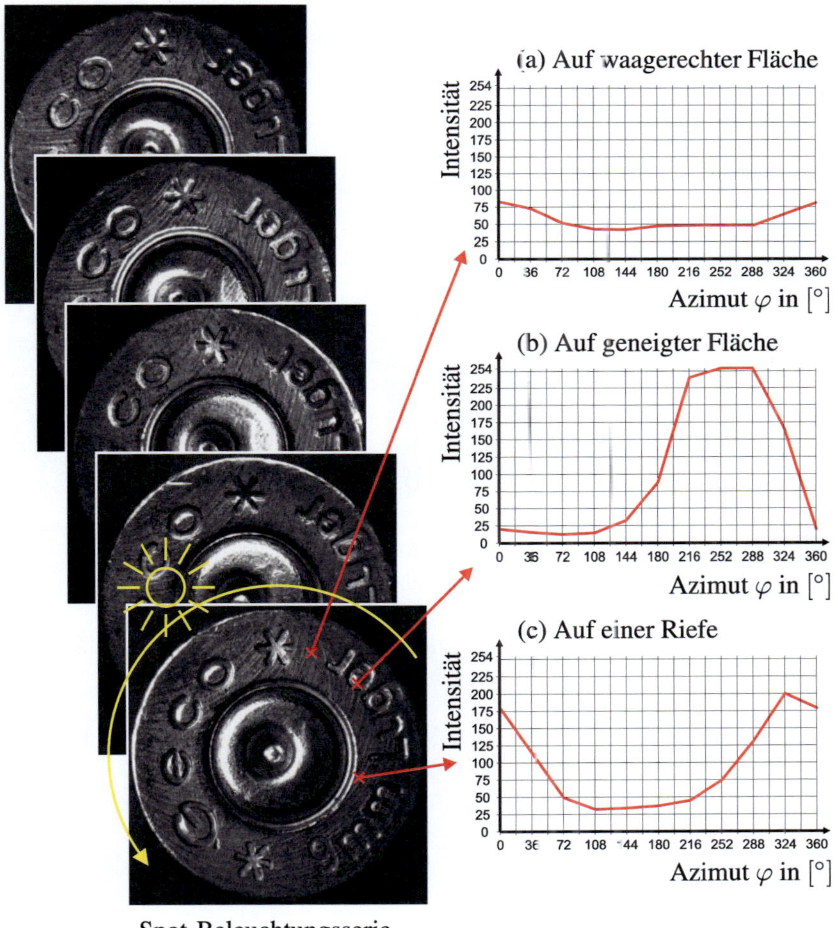

Bild 3.7: Intensitätsverläufe bei einer Spot-Beleuchtungsserie.

$$s_\varphi^2(\mathbf{x}) = \frac{1}{N-1}\left(\sum_\varphi g^2(\mathbf{x},\varphi) - N \cdot \bar{g}_\varphi^2(\mathbf{x})\right) \tag{3.2}$$

berechnet, siehe Bild 3.8. In [Xin u. a. 2004] wurde dies als eines der Merkmale zur Inspektion und Analyse geschliffener Oberflächen herangezogen.

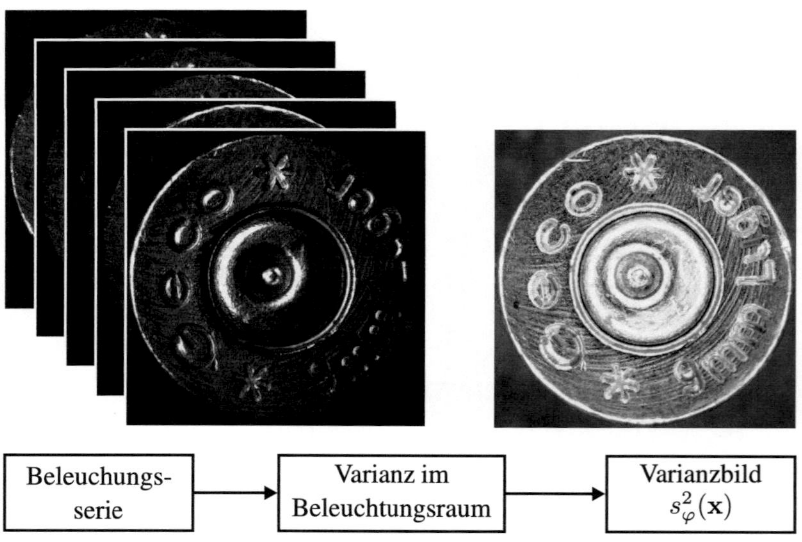

Bild 3.8: Varianz im Beleuchtungsraum. Gammakorrigiertes Varianzbild, um die Spreizung der Varianzwerte für die Darstellung zu verringern.

Durch die Auswertung der *Varianz im Beleuchtungsraum* entsteht ein kontrastreiches Merkmalsbild, das sowohl Hülsenrand als auch die Begrenzung von Zündhütchen, Schlagbolzeneindruck und Bodenstempel hervorhebt. Nicht nur diese großen, schrägen Flächen sind gut zu sehen, auch die feinen Riefen der Stoßbodenspuren sind klar zu erkennen. Bei der Fusion auf Basis des lokalen Kontrasts ergeben sich durch Sprünge in der Beleuchtungskarte Artefakte, die sich als ungewollte Helligkeitssprünge im Ergebnisbild zeigen. Verglichen damit ergibt sich hier der Vorteil, dass auch kreuzende Strukturen, wie auf dem Zündhütchen in Bild 3.9, frei von derartigen Artefakten dargestellt werden können. Dieses Verfahren wurde vom Autor in [Brein 2005b] als Ausgangspunkt zur Segmentierung des Bodenstempels vorgestellt sowie als Basis für die Charakterisierung und den Vergleich der Spuren in [Brein 2007a] und [Brein 2007b] verwendet.

Bei der Berechnung der *Varianz im Beleuchtungsraum* handelt es sich um eine

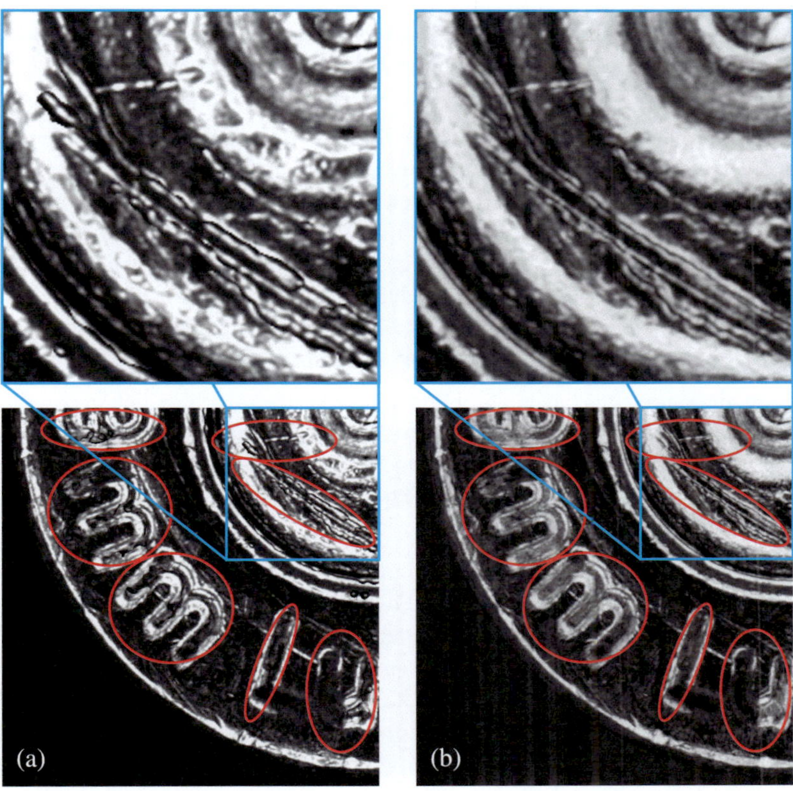

Bild 3.9: Gegenüberstellung der fusionierten Bilder der Beleuchtungsserie aus Bild 3.6. (a) Kontrastfusion mit Artefakten bei den kreuzenden Riefen auf dem Zündhütchen als auch in den Zeichen des Bodenstempels; (b) Varianz im Beleuchtungsraum.

Punktoperation. Es wird keine lokale Umgebung ausgewertet. Somit erreicht es eine höhere Auflösung als Fusionsverfahren, die den lokalen Kontrast maximieren. Durch die Summation über alle Beleuchtungsrichtungen bei der Berechnung der Varianz wird die Abhängigkeit der Bilder von der azimutalen Beleuchtungsrichtung aufgehoben. Dadurch wird die Anforderung aus Abschnitt 3.2 erfüllt, alle Vorzugsrichtungen der Feinstruktur der Oberfläche gleich zu behandeln. Bei kreuzenden Riefen sind sämtliche Riefenscharen in gleicher Weise hervorgehoben. Zudem kann die Hülse auch bei gedrehter Erfassung reproduzierbar aufgenommen werden.

Das Verfahren eignet sich, um sowohl die Feinstruktur auf waagerechten Oberflächen sichtbar zu machen, als auch waagerechte und geneigte Flächen zu unterscheiden. Die Feinstruktur auf geneigten Flächen kann dagegen nicht gut dargestellt werden, da die Veränderung des Intensitätsverlaufs durch die Neigung der Fläche bereits zu großen Schwankungen führt, welche die kleinen Unterschiede durch die Feinstruktur überdecken. Dadurch ergibt sich, dass z. B. die Spuren auf dem Rand der Patronenhülse sowie des Zündhütchens und des Bodenstempels als auch im Schlagbolzeneindruck nicht gut abgebildet werden.

Da sich die Spuren des flachen Stoßbodens der Waffe ausschließlich in den flachen Bereichen des Hülsenbodens einprägen, ist die Feinstruktur auf dem Hülsenrand, am Rande des Zündhütchens und im eingeprägten Bodenstempel nicht von Interesse. Zur Erfassung der Feinstruktur im Schlagbolzeneindruck sind hingegen andere Verfahren erforderlich.

Die *Varianz im Beleuchtungsraum* ist mit dem Verfahren *Tiefe aus Fokussierung* prinzipiell kombinierbar. Kombinierte Fokus- und Beleuchtungsserien lassen sich durch Berechnung von Bildern erweiterter Tiefenschärfe pro Beleuchtung und anschließender Bestimmung der *Varianz im Beleuchtungsraum* vorteilhaft fusionieren. Dies ist vor allem für den Schlagbolzeneindruck von Interesse, da dort die Tiefenschärfe durch *Tiefe aus Fokussierung* auf ein brauchbares Maß erhöht werden kann. Die Stoßbodenspuren lassen sich mit einer Aufnahme scharf abbilden.

Das in diesem Abschnitt vorgestellte Verfahren ist verwandt mit *Gestalt aus Schattierung* (Shape from Shading) [Jähne 2002]. Bei *Gestalt aus Schattierung* wird versucht, auf Basis eines Modells der Reflexion auf der Oberfläche, sowie Beleuchtung aus unterschiedlichen Richtungen, den lokalen Neigungswinkel und die Reflektanz der Oberfläche zu bestimmen. Das Verfahren eignet sich wegen des einfachen Modells vor allem für überwiegend diffus streuende Oberflächen. Bei teilweise spiegelnd reflektierenden Oberflächen, wie bei den metallischen Patronenhülsen, wird das benötigte Modell der Reflektion komplex.

4 Segmentierung spurenbehafteter Bereiche

Die Spuren auf Patronenhülsen entstehen durch den in Abschnitt 1.1 beschriebenen Schussvorgang. Bei den auf dem Boden der Hülse sichtbaren Spuren handelt es sich ausschließlich um Prägespuren, d. h. sie entstehen durch eine Bewegung in Richtung der Normale der Oberfläche. Durch die Kenntnis der Spurenentstehung kann der Boden der Hülse in Bereiche aufgeteilt werden, die mit großer Wahrscheinlichkeit keinen Kontakt mit Bauteilen der Waffe hatten und Bereiche, bei denen eine Einprägung von Spuren möglich oder sogar wahrscheinlich ist. Dieses Wissen sowie weitere Vorkenntnisse über die Form von Patronenhülsen gehen in das im Folgenden beschriebene Modell zur Bestimmung spurenbehafteter Bereiche ein.

4.1 Modell der Form des Hülsenbodens

In Bild 4.1 ist die dreidimensionale Form des Bodens einer Patronenhülse zu sehen. Der Boden ist überwiegend flach. Die Hülse besitzt in der Regel eine eingeprägte Kennzeichnung mit einem Kürzel des Herstellers sowie Angaben zum Kaliber[1]. In der Mitte ist das Zündhütchen eingesetzt, das näherungsweise auf dem gleichen Niveau wie der Hülsenboden liegt. Zwischen Zündhütchen und Hülsenboden ist fertigungsbedingt eine Rille vorhanden. Der Schlagbolzen erzeugt durch seine Bewegung eine Vertiefung im Zündhütchen, den sogenannten Schlagbolzeneindruck. Somit kann die Suche nach Spuren des Schlagbolzens auf den Schlagbolzeneindruck beschränkt werden.

Bei Verwendung einer starken Treibladung kann es dazu kommen, dass ein Teil des Zündhütchenmaterials in den Spalt zwischen Schlagbolzen und Schlagbolzenbohrung hineingedrückt wird [Burrard 1965; Bock u. a. 1989]. Dies ist in Bild 4.1 als Wulst um den Schlagbolzeneindruck zu erkennen.

Die Spuren des flachen Stoßbodens der Waffe auf der Hülse entstehen durch einen Prägevorgang. Dieser kann nur dort zu Spuren führen, wo Stoßboden und Hülse

---

[1] Im Weiteren sind bei Verwendung des Begriffs „Bodenstempel" alle eingeprägten Zeichen, sowohl das Herstellerkürzel als auch die Angaben zum Kaliber gemeint.

Kontakt hatten. Daher ist davon auszugehen, dass Spuren des Stoßbodens auf dem Boden der Hülse außerhalb der Vertiefungen gefunden werden können. Zu den stoßbodenspurenfreien Vertiefungen gehören die Zeichen des Bodenstempels, die Rille um das Zündhütchen sowie der Schlagbolzeneindruck.

Die Spuren des aus dem Stoßboden hervortretenden Auswerfers können sich dagegen überall auf dem Hülsenboden sowie im Bereich des Zündhütchens befinden [BKA 2005].

Die hier betrachteten Patronenhülsen sind rotationssymmetrisch. Diese Rotationssymmetrie hat historische Gründe, die sicherlich mit der Fertigbarkeit der Hülsen, als auch Vorteilen in der Handhabung innerhalb der Waffe zu tun haben. Diese Kenntnis lässt sich für die Bestimmung der Komponenten des Hülsenbodens nutzen. Daraus folgt, dass sowohl der Rand des Hülsenbodens als auch die teilweise dort vorhandene Fase oder Rundung rotationssymmetrisch und konzentrisch sind. In der Mitte des Hülsenbodens ist, ebenfalls konzentrisch, das Zündhütchen eingelassen[2]. Die drei verwendeten Modellannahmen sind

- Stoßbodenspuren sind auf dem Boden der Patronenhülse mit Ausnahme der Vertiefungen zu finden.

- Der Hülsenrand und das Zündhütchen sind rotationssymmetrisch und konzentrisch angeordnet.

- Der Schlagbolzeneindruck befindet sich innerhalb des Zündhütchens.

Ziel ist somit das Auffinden von Vertiefungen des Hülsenbodens sowie von kreisförmigen Bildbestandteilen.

Eine Segmentierung in spurenbehaftete Bereiche und spurenfreie Bereiche kann auch auf Basis von 3D-Daten durchgeführt werden. Wie oben erläutert, können in den Vertiefungen des Hülsenbodens keine Spuren des Stoßbodens der Waffe aufgeprägt werden. Somit lassen sich die Bereiche ohne Stoßbodenspuren unter Zuhilfenahme einer geometrischen Bedingung identifizieren. So werden alle Bereiche, die sich unterhalb des näherungsweise ebenen Hülsenbodens befinden, als frei von Spuren des Stoßbodens angenommen. Dieses Konzept der Verwendung einer robusten Ebenenschätzung für die Segmentierung von Patronenhülsen auf Basis von 3D-Daten wurde durch den Autor in den Veröffentlichungen [Brein

---

[2]Am weitesten verbreitet sind Zentralfeuerpatronen, die das Zündhütchen in der Mitte des Hülsenbodens haben. Zudem gibt es noch die bei Kleinkaliberwaffen verbreitete Randfeuerpatrone, bei der die Zündmasse am Boden der Hülse im hohlen Hülsenrand eingeschlossen ist. Dementsprechend schlägt der Schlagbolzen hier auch auf den Rand der Hülse, um diese zu zünden [Burrard 1965]. Diese Art Patronenhülse wird in dieser Arbeit nicht untersucht.

Bild 4.1: 3D-Ansicht des Bodens einer Patronenhülse. Zu erkennen sind die flachen Bereiche, die Kontakt zum Stoßboden der Waffe haben können.

2005a] und [Brein 2005b] vorgestellt. Da keine 3D-Daten in ausreichender Menge zur Verfügung standen, wurden die im Folgenden beschriebenen Verfahren auf die Verwendung von Graustufenbildern ausgelegt.

In den folgenden Abschnitten wird die Segmentierung auf Basis von Graustufenbildern des Hülsenbodens bei gezielt für diesen Zweck angepassten Beleuchtungen durchgeführt.

4.2 Segmentierung rotationssymmetrischer Bildbestandteile

In diesem Abschnitt sollen die rotationssymmetrischen Bestandteile des Bildes identifiziert werden und den relevanten Bereichen des Hülsenbodens zugeordnet werden. Die relevanten Bereiche sind

- der Hülsenrand als Begrenzung zum Bildhintergrund,

- die innere Kante der Fase oder Rundung am Hülsenrand als Übergang zum flachen Bereich des Hülsenbodens,

- die innere und äußere Kante zur Rille um das Zündhütchen,

- die äußere Begrenzung des Wulstes um den Schlagbolzeneindruck, soweit vorhanden und kreisförmig,

- die Kante des Schlagbolzeneindrucks.

Dazu werden Aufnahmen benötigt, die gezielt die Begrenzungen der flachen Bereiche hervorheben und bezüglich Rotationssymmetrie keine Vorzugsrichtung besitzen. Somit kommen keine azimutal gerichteten Beleuchtungen in Frage. Geeignet sind ringförmige oder homogene Beleuchtungen oder Fusionsergebnisse ohne azimutale Vorzugsrichtung.

4.2.1 Vorverarbeitung

Als erste Beleuchtung wird eine homogene Beleuchtung verwendet, zu sehen in Bild 4.2(a). Nahezu alle Bereiche des Hülsenbodens erscheinen hell, insbesondere heller als der Bildhintergrund. Somit eignet sich diese Beleuchtung für die Trennung von Hülse und Hintergrund. Als Merkmale für die Trennung von Vorder- und Hintergrund werden die Intensität jedes Bildpunktes sowie der dort vorherrschende lokale Kontrast herangezogen. Dies basiert auf dem Vorwissen, dass der verschiebbare Tisch, auf dem die Patronenhülse bei der Bilderfassung steht, deutlich dunkler als die Patronenhülse ist. Des Weiteren gründet dies auf der Tatsache, dass auf den Boden der Patronenhülse fokussiert wird und dieser im Bild einen höheren Kontrast aufweist als der unscharfe Hintergrund.

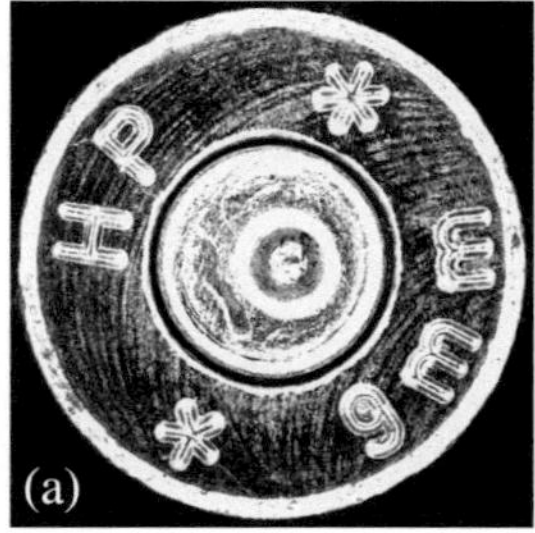
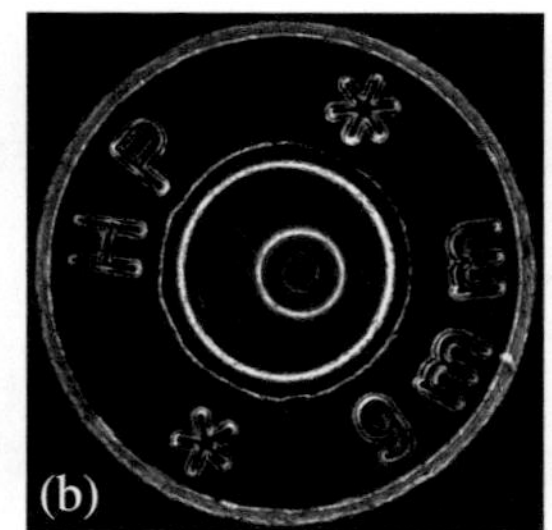
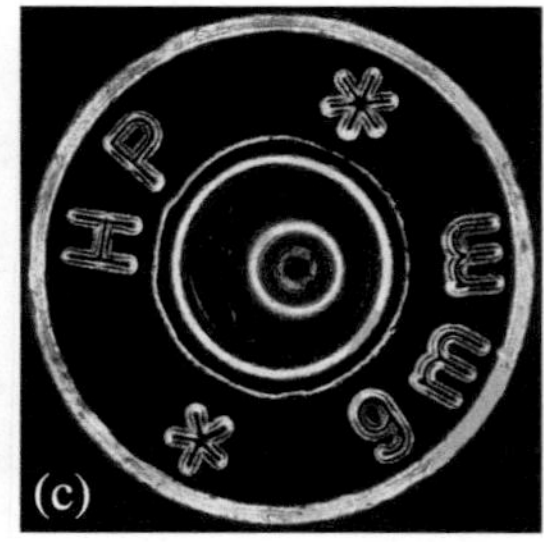

Bild 4.2: Ausgangsbilder für die Bestimmung rotationssymmetrischer Bildbestandteile. Hülsenboden, (a) homogen beleuchtet, (b) aufgenommen mit Ringbeleuchtung bei Elevationswinkel 70° und (c) Varianz im Beleuchtungsraum für eine Spot-Beleuchtungsserie mit Elevationswinkel 70°.

Vorder- und Hintergrund sollen nun mit Hilfe eines Klassifikationsverfahrens bestimmt werden. Für das Training der verwendeten linearen *Support Vector Machine* (SVM) [Duda u. a. 2000] werden repräsentative Bilder von Hülsenböden manuell mit Kreisen versehen. Innerhalb des Kreises befindet sich der Hülsenboden und somit der Vordergrund, außerhalb des Kreises der Hintergrund des Bildes. Es wird aus jedem der Bilder eine Untermenge an Koordinaten ausgewählt und die dazugehörenden Merkmale – Intensität und lokaler Kontrast – bestimmt. Auf Basis der so gewonnenen Trainingsdaten, siehe Bild 4.3, wird mit Hilfe der SVM eine Trenngerade bestimmt. Diese wird im gezeigten Bild ebenfalls dargestellt. Das angenommene Modell eines hohen Kontrasts und einer hohen Intensität wird z. B. im Bereich der Rille um das Zündhütchen verletzt. Dies lässt sich in Bild 4.2(a) erkennen. Dies führt dazu, dass die beiden Klassen durch Punktoperatoren nicht exakt separierbar sind, siehe Bild 4.3. Daher wird eine SVM mit weichem Rand für das Training gewählt, siehe auch [Stritt 2008].

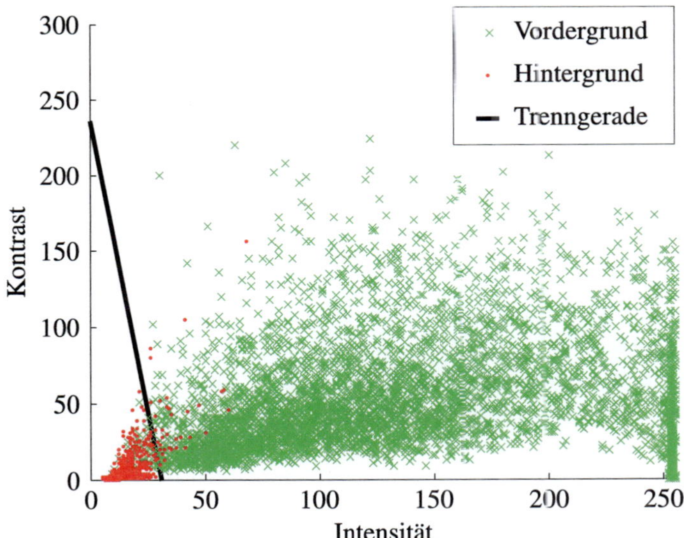

Bild 4.3: Klassifikation des Bildinhaltes nach Vordergrund und Hintergrund. Zu sehen sind die Trainingsdaten für die SVM sowie die damit ermittelte Trenngerade.

Auf Basis der im Training bestimmten Trenngeraden werden die Bildpunkte der aufgenommen Hülsenböden in Vorder- und Hintergrund klassifiziert, Bild 4.4(a). Durch das Entfernen kleiner schwarzer Regionen aus dem Bild können Ausgangsdaten für die Schätzung des Hülsenrandes als Referenzkreis in Abschnitt 4.2.5 weiter verbessert werden, siehe Bild 4.4(b). Dazu werden mit Hilfe des *Connected-*

Component-Labeling [Rosenfeld u. Pfaltz 1966] zusammenhängende Bereiche bestimmt und anschließend im Ursprungsbild schwarze Segmente mit Flächen kleiner einem Schwellwert weiß eingefärbt. Mit Hilfe dieser Nachverarbeitung wird die Kreisschätzung zuverlässiger und schneller durchgeführt.

Die Hintergrunderkennung ist als Punktoperation realisiert. Dadurch ist sie unabhängig vom Flächenanteil des Hintergrunds oder Vordergrunds.

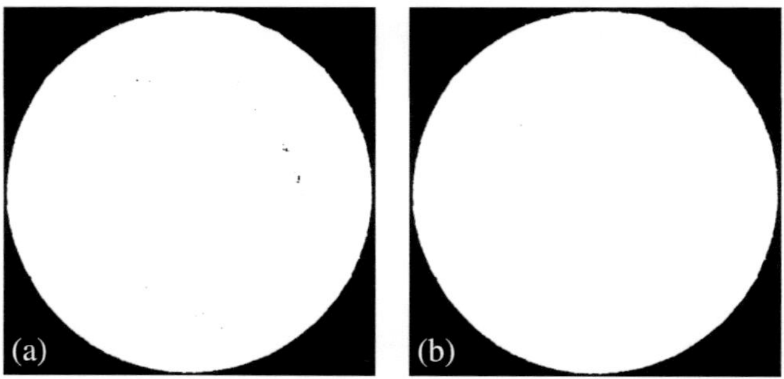

Bild 4.4: Klassifikation von Vordergrund und Hintergrund von Bild 4.2(a). (a) Ergebnis der Klassifikation, (b) Nachverarbeitung durch Entfernung kleiner schwarzer Regionen.

Als Ausgangsbild für die Kreisschätzung und Klassifikation der Abschnitte 4.2.6 und 4.2.7 eignet sich das Ergebnis der in Abschnitt 3.2 vorgeschlagenen Fusion von azimutalen Beleuchtungsserien. Bei Verwendung einer Spot-Beleuchtungsserie mit großem Elevationswinkel wird ein ähnlicher Effekt wie bei der Ringbeleuchtung in Bild 4.2(b) erzielt. Die Kanten und schrägen Flächen werden hell hervorgehoben, die flachen Bereiche sind dagegen dunkel, siehe Bild 4.2(c). Dadurch sind sowohl der Hülsenrand als auch die Begrenzung des Schlagbolzeneindrucks und des Zündhütchens deutlich zu erkennen.

Mit Hilfe des Canny-Kantendetektors [Canny 1986] werden in den genannten Bildern Kanten extrahiert. Die so gewonnenen Koordinaten von Kantenpunkten sind Ausgangspunkt der im nächsten Abschnitt beschriebenen Kreisschätzung.

4.2.2 Kreisschätzung

Kreisschätzungsverfahren sind nicht nur bei der Segmentierung von Patronenhülsen von Interesse. Durch die in der Produktion von Werkstücken verwendeten Verfahren wie Bohren, Drehen und Fräsen ergeben sich viele rotationssymmetrische

Formen, die im Rahmen der Qualitätssicherung erkannt und vermessen werden müssen.

Diese Aufgabenstellung taucht daher in verschiedenen Variationen in der Literatur auf. Einige Beispiele sollen hier beschrieben werden. So vergleicht [Yuen u. a. 1990] die Eignung verschiedener Varianten der *Hough-Transform*, wie die *Standard-Hough-Transform*, die *Fast-Hough-Transform* und drei weitere auf deren Eignung für die Kreisdetektion.

[Ylä-Jääski u. Kiryati 1994] verwenden die *Probabilistic-Hough-Transform* (PHT) zur Bestimmung von Kreisen bekannten Radius'. Durch die Vorgabe des Radius' ergeben sich Vorteile bei der Größe des benötigten Akkumulators. Anhand des Beispiels der Kreisschätzung werden unterschiedliche Abbruchkriterien für die zufallsbasierte Akkumulation, sowie Reduktion des Akkumulators auf die Speicherung signifikanter Spitzen des aktuellen und vorhergehenden Akkumulators vorgestellt. Durch diese Maßnahmen lassen sich die Fehlerraten bei gleichzeitiger Reduktion des Rechen- und Speicheraufwandes klein halten.

In [Chen u. Chung 2001] wird mit der *Randomized-Circle-Detection* (RCD) eine andere Vorgehensweise zur Kreisdetektion vorgeschlagen. Vier Kantenpunkte werden zufallsbasiert gezogen und mit Hilfe eines Distanzmaßes untersucht, ob sie zu einem Kreis gehören könnten. Bei Kandidaten, die diese Prüfung bestehen, wird über die relative Anzahl Kantenpunkte in der Umgebung der Kreis validiert oder verworfen. Das Verfahren benötigt keinen speicherintensiven Akkumulator und ähnelt dem Ansatz des RANSAC. Die Autoren konnten beim Vergleich von RCD, HT und RHT zeigen, dass die RCD bei niedrigem bis mittlerem Rauschpegel am besten geeignet ist, wohingegen bei starkem Rauschpegel die RHT ihre Vorteile ausspielt.

In [Schuster u. Katsaggelos 2004] wird eine robuste Kreisdetektion mit Hilfe eines Schätzers auf Basis der gewichteten mittleren quadratischen Abweichung durchgeführt. Die Besonderheit besteht darin, dass der Algorithmus direkt auf Gradientenbildern arbeitet und alle Bildpunkte in die Schätzung mit einbezieht. Damit wird die Abhängigkeit der Ergebnisse des Schätzers von einer vorgelagerten Kantendetektion vermieden. Nachteil ist die Tatsache, dass genau ein Kreis im Bild vorhanden sein muss.

Die Detektion von Kreisen und insbesondere Kreisbögen mit der RHT wird in [Chiu u. Liaw 2006] vorgestellt. Das Verfahren ist darauf abgestimmt, auch bei sehr vielen Kreisen und Kreisbögen schnell Ergebnisse zu liefern. Dazu wird versucht, die Menge an Kantenpunkten pro Durchlauf zu reduzieren, indem systematisch Kanten, die Ecken eines Segments verbinden, extrahiert werden. Auf diese Untermenge an Kantenpunkten wird jeweils die RHT angewendet. Bei der Prüfung der Kandidaten wird die Anzahl erwarteter Kantenpunkte unter Berücksichtigung des Radieneinflusses und der Begrenzung auf einen Bogenabschnitt berechnet.

Durch die Verwendung von Vorwissen über den zu erwartenden Kreisradius wird die Variante der RHT in [Guo u. a. 2006] beschleunigt. Ein quadratisches Fenster wird über das Kantenbild geschoben und die jeweils darin enthaltenen Kantenpunkte zur Detektion von Kreisen mit der RHT herangezogen. Dies entspricht also der in [Kalviainen u. a. 1995] vorgeschlagenen Strategie der *Random Window* RHT, mit Hilfe der Fensterung die Anzahl Kantenpunkte und somit die Berechnungszeit zu reduzieren. Schwerpunkt der Veröffentlichung ist die ausführliche Untersuchung der Leistungsfähigkeit des Algorithmus mittels Wahrscheinlichkeitsberechnungen. Es wird eine Abschätzung der notwendigen Anzahl von Iterationen für die Erreichung einer vorgegebenen Konfidenz bei der Kreisdetektion vorgestellt. Aus den Ergebnissen kann geschlossen werden, dass eine Verwendung von gezielt gewählten Untermengen bei stark verrauschten Kantenbildern die Berechnungszeit signifikant verkleinern kann. Des Weiteren werden Vorschläge für eine sinnvolle Wahl der Fenstergröße und der Schrittweite gemacht.

In [Kühn u. a. 2007] wird die Vermessung von Bohrungen an Mikrobauteilen beschrieben. Dazu werden die *Methode der kleinsten Quadrate*, die *Methode der kleinsten Quadrate mit Ausreißerentfernung*, die *Hough-Transformation* und die *Hough-Transformation* mit nachgelagerter *Methode der kleinsten Quadrate* miteinander verglichen. Die Variante der Kombination von *Hough Transformation* mit der *Methode der kleinsten Quadrate* schneidet dabei am besten ab. Damit ist es möglich mit der *Hough-Transformation* mehrere Kurven in einem Bild zu detektieren und von der Genauigkeit der *Methode der kleinsten Quadrate* zu profitieren.

Für die Anwendung der Segmentierung rotationssymmetrischer Bildbestandteile von Aufnahmen des Hülsenbodens wird in dieser Arbeit eine Kreisschätzung als Kombination aus RHT und *M-Estimator* verwendet. Im Folgenden wird zuerst die Parametrisierung für den *M-Estimator* vorgestellt und anschließend auf die RHT für Kreise sowie die Einbindung des M-Estimators in die RHT eingegangen. Die Grundlagen des *M-Estimators* sind in Abschnitt 2.1.4 beschrieben. Die Grundlagen zur RHT und die Grundform sowie Variationsmöglichkeiten der RHT werden in Abschnitt 2.1.2 eingeführt.

4.2.2.1 Kreisschätzung mit dem M-Estimator

Die Punkte (p_x, p_y) auf einem Kreis erfüllen folgende Gleichung:

$$\sqrt{(p_x - a)^2 + (p_y - b)^2} = r \quad , \tag{4.1}$$

mit (a, b) als Mittelpunkt und r als Radius des Kreises.

Die Kreisparameter sollen mit Hilfe der Minimierung des quadratischen, geometrischen Abstandes berechnet werden. Daraus ergibt sich eine nichtlineare Gleichung, deren Lösung iterativ berechnet werden soll.

Die zugrundeliegende Gleichung lautet:

$$f_i(a, b, r) = \sqrt{(p_{x_i} - a)^2 + (p_{y_i} - b)^2} - r_i = 0 \tag{4.2}$$

Daraus ergibt sich die Jacobi-Matrix, entsprechend Gleichung (2.25) zu

$$\mathbf{J} = \begin{bmatrix} \frac{\partial f_1}{\partial a} & \frac{\partial f_1}{\partial b} & \frac{\partial f_1}{\partial r} \\[2mm] \frac{\partial f_2}{\partial a} & \frac{\partial f_2}{\partial b} & \frac{\partial f_2}{\partial r} \\[2mm] \vdots & \vdots & \vdots \\[2mm] \frac{\partial f_m}{\partial a} & \frac{\partial f_m}{\partial b} & \frac{\partial f_m}{\partial r} \end{bmatrix} \tag{4.3}$$

mit

$$\frac{\partial f_i}{\partial a} = \frac{a - p_{x_i}}{\sqrt{(p_{x_i} - a)^2 + (p_{y_i} - b)^2}} \tag{4.4}$$

$$\frac{\partial f_i}{\partial b} = \frac{b - p_{y_i}}{\sqrt{(p_{x_i} - a)^2 + (p_{y_i} - b)^2}} \tag{4.5}$$

$$\frac{\partial f_i}{\partial r} = -1 \tag{4.6}$$

Für jeden Iterationsschritt werden die Koeffizienten der Jacobi-Matrix als konstant angenommen. Es werden dort im Weiteren die Startwerte der Parameter $\hat{a}^{(0)}$, $\hat{b}^{(0)}$ und $\hat{r}^{(0)}$ eingesetzt.

Der Residuenvektor $\hat{\epsilon}^{(0)} = (\tilde{\mathbf{b}} - \mathbf{f}(\hat{\mathbf{x}}^{(0)}))$ ergibt sich zu

$$\hat{\epsilon}^{(0)} = \begin{bmatrix} 0 - (\sqrt{(\tilde{p}_{x1} - \hat{a}^{(0)})^2 + (\tilde{p}_{y1} - \hat{b}^{(0)})^2} - \hat{r}^{(0)}) \\[2mm] 0 - (\sqrt{(\tilde{p}_{x2} - \hat{a}^{(0)})^2 + (\tilde{p}_{y2} - \hat{b}^{(0)})^2} - \hat{r}^{(0)}) \\[2mm] 0 - (\sqrt{(\tilde{p}_{x3} - \hat{a}^{(0)})^2 + (\tilde{p}_{y3} - \hat{b}^{(0)})^2} - \hat{r}^{(0)}) \\[2mm] \vdots \end{bmatrix} \tag{4.7}$$

Die Änderungen der Parameterwerte werden über die Berechnung der Pseudoinversen mit Hilfe der Gewichtsmatrix $\mathbf{W}$ bestimmt:

$$\Delta\hat{\mathbf{x}}^{(l+1)} = (\mathbf{J}^{(l)^{\mathrm{T}}}\mathbf{W}\mathbf{J}^{(l)})^{-1}\mathbf{J}^{(l)^{\mathrm{T}}}\mathbf{W}\hat{\epsilon}^{(l)} \quad . \tag{4.8}$$

Die Startwerte des Parametervektors für die $(l+1)$-te Berechnung werden aus den Startwerten der (l)-ten Iteration und $\Delta\hat{\mathbf{x}}^{(l)}$ bestimmt.

$$a^{(l+1)} = a^{(l)} + \Delta a^{(l)} \tag{4.9}$$

$$b^{(l+1)} = b^{(l)} + \Delta b^{(l)} \tag{4.10}$$

$$r^{(l+1)} = r^{(l)} + \Delta r^{(l)} \tag{4.11}$$

Die Schleife wird abgebrochen, sobald sich die Parameterwerte nicht mehr signifikant ändern.

Anschließend beginnt die äußere Schleife des *M-Estimators* mit der robusten Schätzung des mittleren Fehlers der Messwerte $\hat{\sigma}_0$ mittels Gleichung (2.35). Auf Basis dieser Standardabweichung kann die Gewichtsmatrix $\mathbf{W}$ entsprechend Gleichung (2.34) neu bestimmt werden. Dies stellt sicher, dass bei großer Standardabweichung der Messwerte die Gewichtsfunktion breiter ausfällt als bei kleiner Standardabweichung. Mit dieser Gewichtsmatrix wird die innere Schleife wieder bis zur Konvergenz wiederholt, anschließend die Gewichtung angepasst etc., bis sich auch bei der äußeren Schleife die Werte nicht mehr ändern.

4.2.2.2   Schätzung mehrerer Kreise mittels *Randomized-Hough-Transform*

Die oben genannte Parametrisierung des Kreises kann in dieser Form für die RHT nicht verwendet werden. Für die RHT ist es notwendig, den Kreis zu berechnen, der durch drei zufällig gezogene Kantenpunkte führt. Dies kann aus folgender Betrachtung hergeleitet werden: Drei Punkte $\mathbf{d}_1 = (p_{x1}, p_{y1})^{\mathrm{T}}$, $\mathbf{d}_2 = (p_{x2}, p_{y2})^{\mathrm{T}}$ und $\mathbf{d}_3 = (p_{x3}, p_{y3})^{\mathrm{T}}$ sind gegeben, siehe Bild 4.5. Die Mittelsenkrechten zwischen jeweils zwei Punkten $\mathbf{n}_{1,2}$, $\mathbf{n}_{2,3}$ und $\mathbf{n}_{1,3}$

$$\mathbf{n}_{i,j} : \; p_y(p_x) = -\frac{p_{xj} - p_{xi}}{p_{yj} - p_{yi}} \cdot p_x + \frac{p_{yj}^2 - p_{yi}^2 + p_{xj}^2 - p_{xi}^2}{2(p_{yj} - p_{yi})} \, , \tag{4.12}$$

$$i = 1,2,3 \, , \quad j = \mathrm{mod}_3[i+1] \, ,$$

schneiden sich im Mittelpunkt $\mathbf{c} = (a,b)^{\mathrm{T}}$ des Kreises. Der Fall $p_{yj} = p_{yi}$ kann durch Vermeidung kollinearer Punkte ausgeschlossen werden. Nach Berechnung der Parameter a und b durch Lösen von Gleichung (4.12) mit zwei der drei Mittelsenkrechten, kann der dritte Parameter r mit Gleichung (4.1) errechnet werden.

Die RHT wird auf binäre Kantenbilder angewendet, wobei alle Kantenpunkte als mögliche Kreispunkte angesehen werden. Zuerst werden aus allen Kantenpunkten drei Punkte zufällig ausgewählt, siehe Flussdiagramm in Bild 4.6. Aus diesen Punkten wird der Parametervektor $\mathbf{x} = (a, b, r)^{\mathrm{T}}$ berechnet.

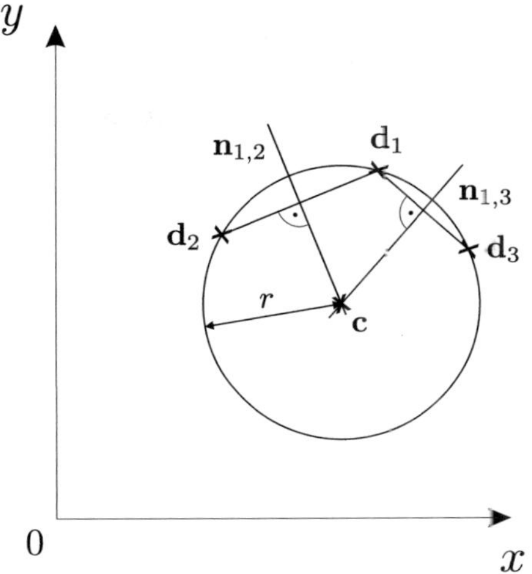

Bild 4.5: Parametrisierung von Kreisen mit Hilfe von Sekanten.

Aus dem Parametervektor werden durch Skalierung und anschließende Quantisierung Indizes für die Speicherung berechnet

$$\mathbf{x}_{\text{index}} = (a_{\text{index}}, b_{\text{index}}, r_{\text{index}})^{\mathrm{T}} \tag{4.13}$$

$$= (\left\lfloor \frac{a}{s_a} + 0{,}5 \right\rfloor, \left\lfloor \frac{b}{s_b} + 0{,}5 \right\rfloor, \left\lfloor \frac{r}{s_r} + 0{,}5 \right\rfloor)^{\mathrm{T}} \ . \tag{4.14}$$

Nach der Quantisierung des Parametervektors wird er in den Akkumulator aufgenommen. Der Akkumulator ist als Baumstruktur mit drei Ebenen aufgebaut. Auf die Äste des Baums wird mit Hilfe der Indizes a_{index}, b_{index} und r_{index} zugegriffen. An den Blättern wird der Zählerstand des Parametersatzes gespeichert. Somit ist ein schneller, geometrisch interpretierbarer Zugriff auf die Elemente des Akkumulators sichergestellt. Der quantisierte Parametersatz kann durch Multiplikation der Indizes mit den Skalierungsfaktoren s_a, s_b und s_r berechnet werden.

Ist der Parametersatz bereits vorhanden, so wird dessen Zählerstand um eins erhöht. Ist er noch nicht aufgetreten, so wird er mit dem Zählerstand eins neu hinzugefügt. Für diesen Parametersatz wird sofort eine Prüfung des Zählerstandes durchgeführt. Überschreitet der Zählerstand eine untere Schwelle, so wird der Parametersatz in eine Liste mit zu prüfenden Kreiskandidaten eingefügt. Dadurch entfällt das spätere Durchsuchen des gesamten Akkumulators nach Parametersätzen, die minimale Kriterien für die Kreisprüfung erfüllen.

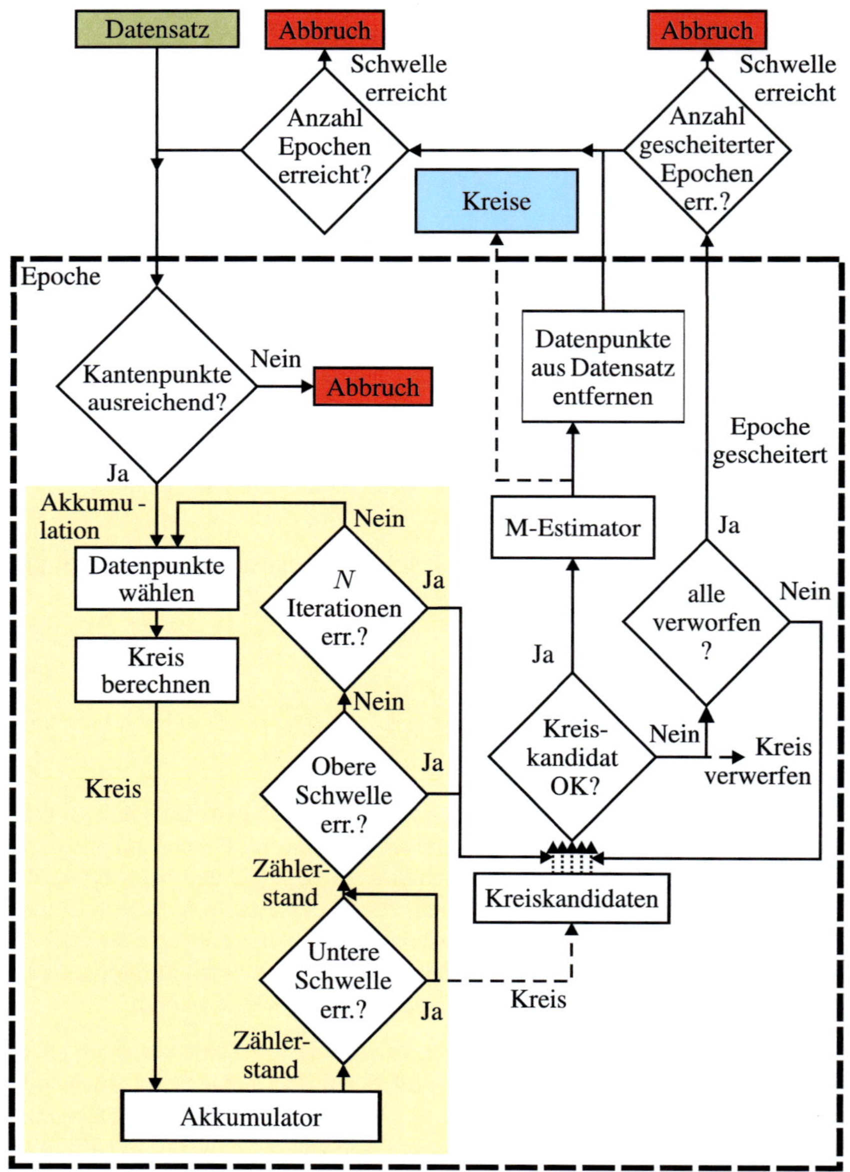

Bild 4.6: RHT, optimiert für die Kreisschätzung.

Anschließend wird geprüft, ob der Zählerstand eine oberere Schwelle überschreitet. Ist dies der Fall, so ist der innere Teil der RHT, die sogenannte Akkumulation, beendet und es wird die Prüfung der Kreiskandidaten durchgeführt. Zweites Kriterium für das Beenden der Akkumulation und den Start der Kreisprüfung ist das Überschreiten einer Schwelle für die Anzahl Iterationen N. Ist keines der beiden Kriterien erfüllt, so wird der nächste Parametersatz mit drei zufällig gewählten Punkten berechnet und mit diesem die Prüfungen durchgeführt. Dies wird so oft wiederholt, bis eine der beiden Prüfungen zum Abbruch der Iterationen führt.

Die Kreisprüfung gliedert sich in mehrere Abschnitte. Die erste Prüfung wird bereits während der Akkumulation durchgeführt. Es werden nur Kreise geprüft, die einen vorher festgelegten Zählerstand erreichen. Zudem wird, vergleichbar mit [Chiu u. Liaw 2006], die Punktdichte auf dem Kreis berechnet.

Dazu wird die Anzahl Kantenpunkte eines Kreises in einem digitalen Bild nach [Kulpa 1979] mit

$$m_{\mathrm{dc}} \approx 4\sqrt{2}r \qquad (4.15)$$

angenähert. Es wird berücksichtigt, dass sich ein Teil des Kreises außerhalb des Kantenbildes befinden kann. Entsprechend wird die erwartete Anzahl Kantenpunkte reduziert. Zudem wird davon ausgegangen, dass die Kreise nicht immer vollständig und ideal geformt sind. Dem lässt sich durch eine weitere Reduktion der notwendigen Anzahl der Kantenpunkte durch einen Faktor α Rechnung tragen, siehe auch [Kiryati u. a. 2000].

Die Anzahl der Kantenpunkte $m_{\mathcal{U}}$ in der Umgebung $\mathcal{U}$ mit der Breite $2\delta_r$ wird mit der erwarteten Anzahl der Kantenpunkte $\alpha \cdot m_{\mathrm{dc}}$ ins Verhältnis gesetzt. Für Punkte in $\mathcal{U}$ muss

$$\left| \sqrt{(p_{x_j} - a)^2 + (p_{y_j} - b)^2} - r \right| < \delta_r \qquad (4.16)$$

gelten. Das Verhältnis γ_v

$$\gamma_v = \frac{m_{\mathcal{U}}}{\alpha \cdot m_{\mathrm{dc}}} \qquad (4.17)$$

als Maß für die Vollständigkeit eines Kreises muss größer als eins sein um den Test zu bestehen.

Alle Punkte, die diese Bedingung erfüllen, werden für die Verbesserung des Parametersatzes mit Hilfe des oben beschriebenen M-Estimators herangezogen. Entsprechend des im M-Estimator verbesserten Parametersatzes und der Toleranz δ_r werden die Kantenpunkte in der Umgebung $\mathcal{U}$ des Kreises aus dem Gesamtdatensatz entfernt und der Kreis als wahrer Kreis gespeichert.

Nachdem alle Kreiskandidaten dieser Akkumulation überprüft und deren Kantenpunkte gegebenenfalls entfernt wurden, ist die sogenannte Epoche beendet. Nun wird geprüft, ob weitere Epochen durchgeführt werden sollen. Erstes Kriterium ist die Gesamtzahl durchzuführender Epochen. Ist diese überschritten, wird die Kreissuche abgebrochen. Wurde bei der letzten Akkumulation kein gültiger Kreis gefunden, so gilt diese Epoche als gescheitert. Es kann also überprüft werden, ob eine Schwelle für die Anzahl gescheiterter Epochen überschritten wurde. In diesem Falle wird die Kreissuche abgebrochen, da die Wahrscheinlichkeit für das Finden weiterer gültiger Kreise immer geringer wird. Als letztes Kriterium kann vor jeder – also auch vor der ersten – Akkumulation geprüft werden, ob genügend Kantenpunkte vorhanden sind, damit ein Kreis mit minimalem Radius die Kreisprüfung bestehen könnte. Ist dies nicht der Fall, so kann auf die weitere Suche nach Kreisen verzichtet werden.

Durch die angepassten Abbruchkriterien für die Akkumulation, sowie die Epochen, wird eine bedarfsgerechte Regelung des Rechenaufwands möglich gemacht.

4.2.3 Optimierung durch Schätzung der Standardabweichung im *Hough-Raum*

Bei der Prüfung der Kreiskandidaten wird untersucht, ob die Datenpunkte, wie im vorigen Abschnitt beschrieben, dem zu prüfenden Kreis zuzuordnen sind. Nun stellt sich die Frage, wie groß die Umgebung $\mathcal{U}$ und somit die Toleranz δ_r gewählt werden soll.

In den meisten Veröffentlichungen zur RHT [Xu u. a. 1990; Kultanen u. a. 1990; Xu u. Oja 1993; Kalviainen u. a. 1995; McLaughlin 1996; Cui u. Tan 2005; Chiu u. Liaw 2006; Guo u. a. 2006] und verwandten Algorithmen [Chen u. Chung 2001] wird von idealen Kurven ausgegangen. Jedoch liegen die vorhandenen Datenpunkte nicht immer auf idealen Kurven. Zum einen ergeben sich Fehler durch die Messung und Quantisierung, zum anderen sind die zu untersuchenden Gegenstände bereits nicht ideal geformt. So ist insbesondere der Schlagbolzeneindruck meist nicht ideal kreisförmig, siehe Bild 4.7. Dieser Tatsache soll begegnet werden. Wird die Toleranz jedoch zu groß gewählt, so werden nahe beieinander liegende Kurven fälschlicherweise zusammengefasst. So sind in Bild 4.7 einige konzentrische Kreise mit ähnlichem Radius zu sehen. Ziel ist somit, die Toleranz so groß zu wählen, dass alle zu einer verrauschten Kurve gehörenden Datenpunkte extrahiert werden können, ohne im Parameterraum benachbart liegende, eigenständige Kurven zusammen zu fassen.

Wenige Veröffentlichungen beschäftigen sich mit verrauschten Kurven und deren Bestimmung mittels RHT. [Kiryati u. a. 2000] untersuchten das Verhalten von

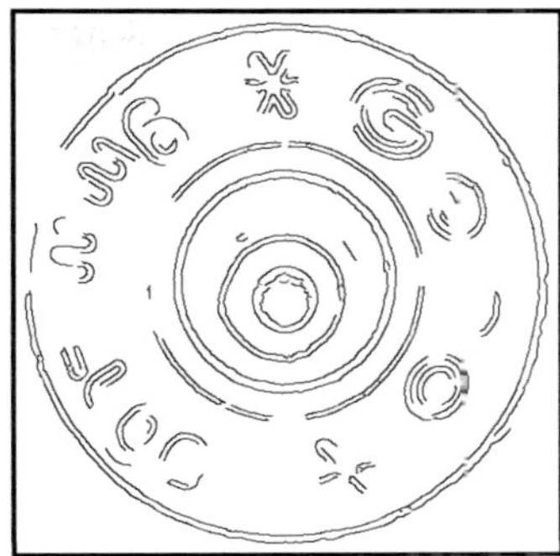

Bild 4.7: Kantenbild des Hülsenbodens. Insbesondere der Schlagbolzeneindruck ist nicht ideal kreisförmig.

PHT und RHT hinsichtlich der notwendigen Anzahl Zufallsversuche auch bei verrauschten Kurven. Die Größe der Umgebung wurde jedoch konstant gewählt. In [Basca u. a. 2005] werden, in einem der RHT nachgelagerten Verarbeitungsschritt, eng beieinander liegende Ellipsen anhand eines experimentell bestimmten Ähnlichkeitsschwellwertes zusammengefasst. [Kühn u. a. 2007] vergleichen die *Methode der kleinsten Quadrate* mit und ohne Ausreißerentfernung mit der RHT und der Kombination aus RHT und der *Methode der kleinsten Quadrate*. Dabei wird auch die Schätzung verrauschter Kreise untersucht. Es wird jedoch immer nur ein Kreis geschätzt. Somit erübrigt sich die Bestimmung der Größe der Umgebung.

In der Veröffentlichung von [Ogundana u. a. 2007] werden Kugeln bekannten Durchmessers mit Hilfe der *Hough-Transformation* gesucht. Dabei wird von verrauschten Daten ausgegangen und die Auswirkung auf die Verteilung der Zählerstände im *Hough-Raum* eingegangen. Zur Bestimmung der lokalen Maxima im *Hough-Raum* wird eine Kombination von lokaler Maximum-Methode, *Connected-Component-Labeling*, sowie Bestimmung des Massezentrums verwendet. Die *Hough Transformation* benötigt keine Toleranz δ_r für das Entfernen der Kantenpunkte vor der nächsten Epoche, da genau einmal der *Hough-Raum* berechnet wird. Die Ideen von [Ogundana u. a. 2007] lassen sich jedoch verwenden, um die Größe der Umgebung $\mathcal{U}$ bedarfsgerecht an das Rauschen der Datenpunkte anzupassen.

Neben der im Folgenden gezeigten empirischen Untersuchung des Zusammenhangs zwischen dem Rauschen der Datenpunkte und der Verteilung der Zählerstände des Akkumulators wäre eine analytische Herleitung wünschenswert. In der Literatur findet sich eine ausführliche und komplexe Untersuchung der Konvergenz der *Hough-Transformation*, sowie des Einflusses des Rauschens auf die Höhe und Verschiebung von Maxima im *Hough-Raum* bei Geraden [Soffer u. Kiryati 1998]. In einer späteren Veröffentlichung zum Vergleich von PHT und RHT [Kiryati u. a. 2000] wird auf diese verwiesen. Die Autoren beschränken sich aufgrund der schwierigen Analyse darauf, den Einfluss des Rauschens auf den Abstand der Kantenpunkte von der ursprünglichen Gerade und somit auf die Wahrscheinlichkeit einen bestimmten Zählerstand zu erreichen, durch einen Faktor α, entsprechend Gleichung (4.20) im nächsten Abschnitt, zusammenzufassen.

Aufgrund der bereits aufgezeigten Komplexität der in der Literatur genannten Zusammenhänge und der nochmals erhöhten Vielschichtigkeit bei der Schätzung von Kreisen statt Geraden und der Untersuchung der Verteilung der Zählerstände statt des Maximums alleine wird an dieser Stelle auf die Bestimmung des analytischen Zusammenhangs verzichtet. Es folgt die Untersuchung des empirischen Zusammenhangs.

Zur Visualisierung des Zusammenhangs zwischen dem Rauschen der Datenpunkte und der Breite des Maximums im Akkumulator der RHT werden Datenpunkte eines Kreises mit Mittelpunkt $(100, 100)$ und Radius 75 erzeugt. Nach Generierung äquidistanter Kreispunkte wird der Kreisradius mit unterschiedlichen Standardabweichungen verrauscht. Anschließend wird eine Epoche der RHT mit einer oberen und unteren Schwelle des Zählerstandes von 100 durchgeführt. Die Kreispunkte sowie der Ausschnitt des Akkumulators sind in den Bildern 4.8 bis 4.11 zu sehen.

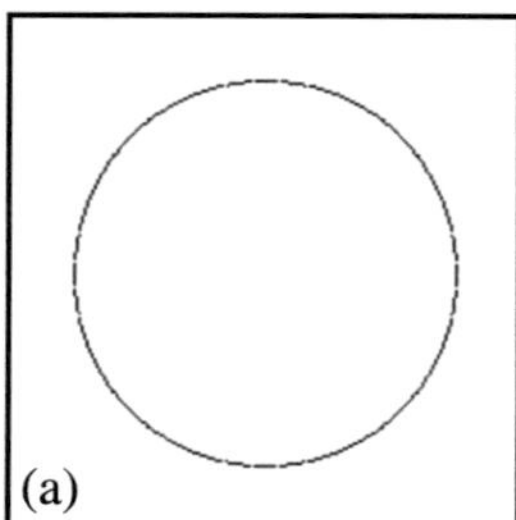
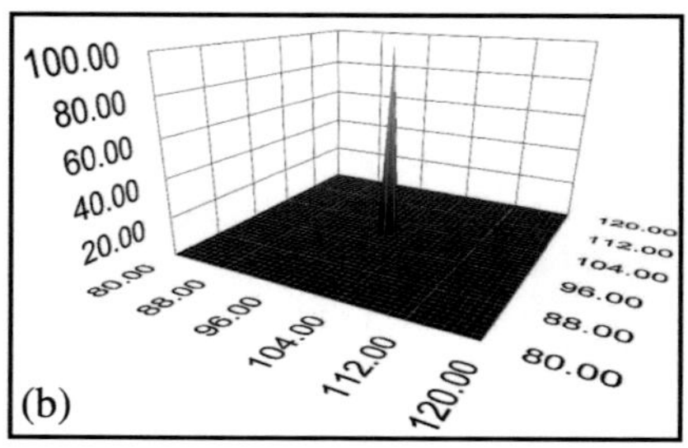

Bild 4.8: (a) Idealer Kreis. (b) Ausschnitt des Hough-Raums, Koordinaten des Mittelpunkts, Zählerstand bei Radius 75. Genau eine Zelle ist belegt.

In den Ausschnitten des *Hough-Raums* ist deutlich zu erkennen, dass die Breite des Maximums mit der vorgegebenen Standardabweichung bei der Datenerzeugung größer wird. Dieser Zusammenhang soll genutzt werden. Dazu werden in einem ersten Schritt die zum Maximum gehörenden Zellen des Akkumulators identifiziert.

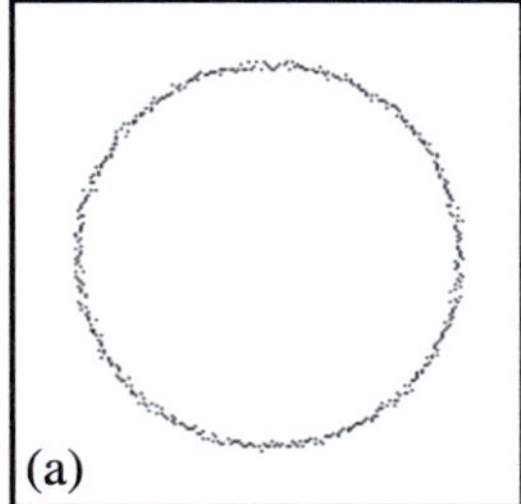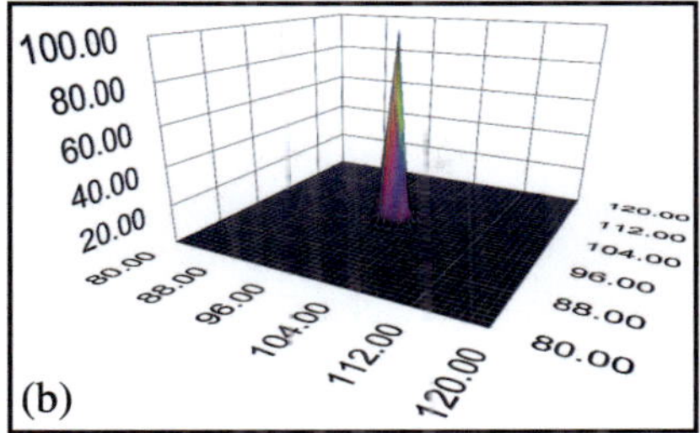

Bild 4.9: (a) Kreis mit Standardabweichung des Radius von eins. (b) Ausschnitt des Hough-Raums, Koordinaten des Mittelpunkts, Zählerstand bei Radius 75. Es ergeben sich erhöhte Zählerstände um das Maximum im Parameterraum.

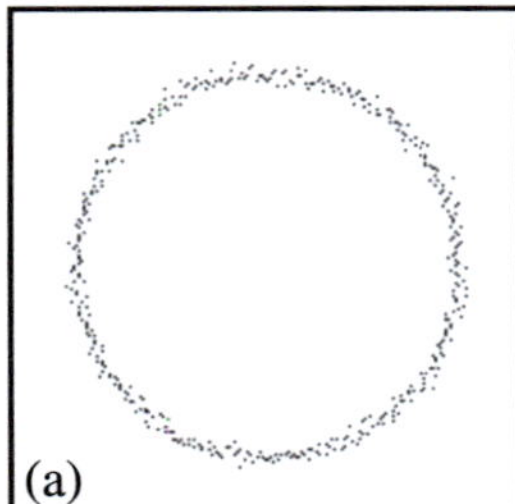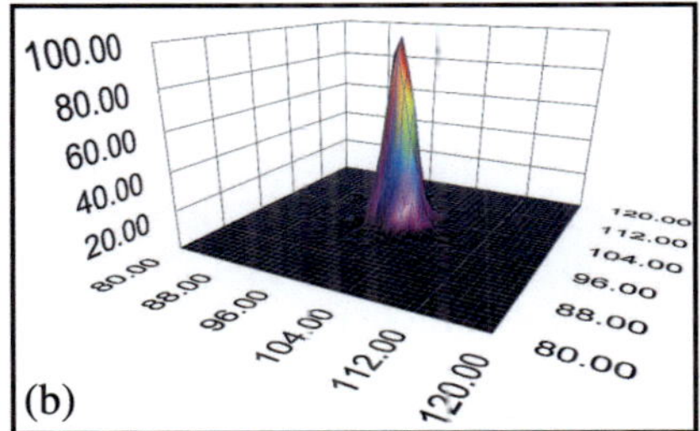

Bild 4.10: (a) Kreis mit Standardabweichung des Radius von zwei. (b) Ausschnitt des Hough-Raums, Koordinaten des Mittelpunkts, Zählerstand bei Radius 75. Eine weitere Verbreiterung des Maximums im Parameterraum findet statt.

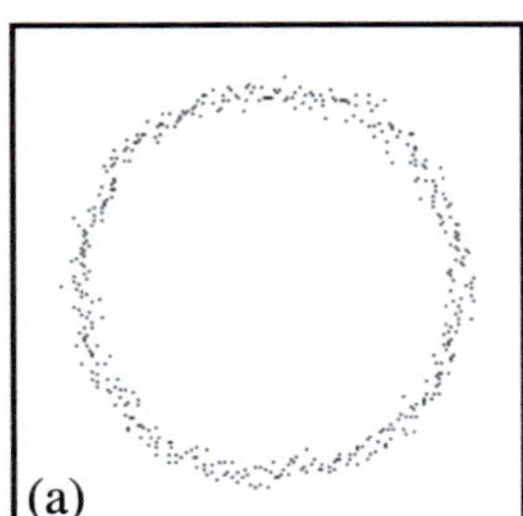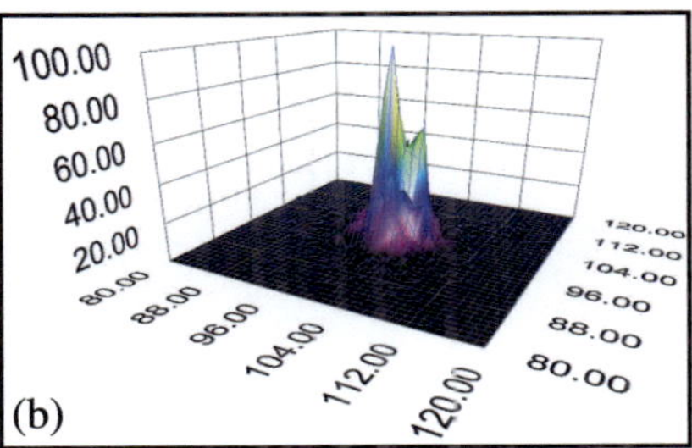

Bild 4.11: (a) Kreis mit Standardabweichung des Radius von drei. (b) Ausschnitt des Hough-Raums, Koordinaten des Mittelpunkts, Zählerstand bei Radius 75. Ein breites Maximums entsteht im Parameterraum; ein Nebenmaximum ist sichtbar.

Dies wird wie folgt realisiert: Es werden mit dem lokalen Maximum zusammenhängende Zellen gesucht, die mindestens einen Zählerstand von eins aufweisen. Dazu wird ein ausreichend großer Bereich des *Hough-Raums* symmetrisch um das betrachtete lokale Maximum ausgeschnitten. Es werden alle Zellen mit einem Zählerstand von mindestens eins extrahiert und dieses Zwischenergebnis mit Hilfe eines auf 3D erweiterten *Connected-Component-Labeling* (CCL) [Rosenfeld u. Pfaltz 1966] in zusammenhängende Bereiche aufgeteilt. Alle Zählerstände von Speicherzellen, die nicht zum Segment gehören, welches das betrachtete Maximum beinhaltet, werden gelöscht.

Zur Beurteilung der Breite des Maximums werden die mit den Zählerständen gewichteten Mittelwerte und Standardabweichungen der Parameter berechnet. Nun soll der Zusammenhang zwischen der Standardabweichung bei der Datenerzeugung und dem Abbruchkriterium maximaler Zählerstand untersucht werden. Des Weiteren wird die Auswirkung auf die Standardabweichung des Parameters Radius im *Hough-Raum* $\hat{\sigma}_{r,\text{Hough}}$ und die robuste Schätzung des mittleren Fehlers der Messwerte im *M-Estimator* $\hat{\sigma}_0$, siehe Gleichung (2.35), betrachtet.

Für jeden Wert der Standardabweichung wurde zur Erzeugung der Diagramme in den Bildern 4.12 bis 4.18 ein verrauschter Kreis generiert und je 100 mal die Standardabweichung des Radius' $\hat{\sigma}_{r,\text{Hough}}$ der RHT und $\hat{\sigma}_0$ im *M-Estimator* geschätzt. Die Streuung der Werte wird durch senkrechte Linien angezeigt. Die Anzahl der Datenpunkte eines Kreises wurde mit der Näherungsformel entsprechend Gleichung (4.15) berechnet. Die Toleranz zum Extrahieren der Datenpunkte für den *M-Estimator* wurde zu $\delta_{r,\text{Hough}} = 3 \cdot \hat{\sigma}_{r,\text{Hough}}$, sowie zur Kreisprüfung und Entfernung der Datenpunkte nach erfolgreicher Prüfung zu $\delta_r = 3 \cdot \hat{\sigma}_0$ gewählt. Damit soll bei korrekter Schätzung und normalverteilten Fehlern sichergestellt werden, dass 99,7% der Datenpunkte des Kreises erfasst werden.

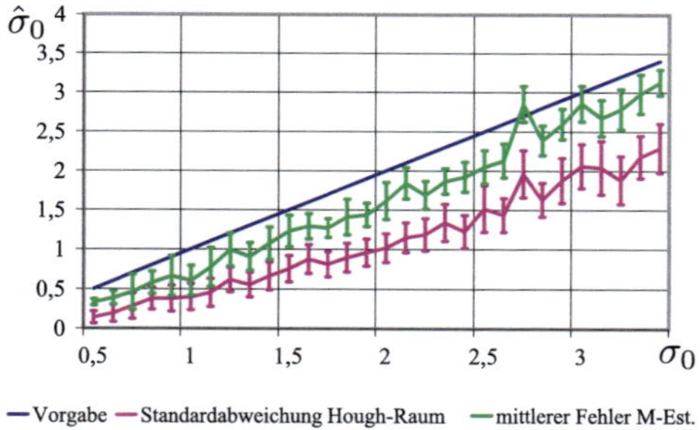

Bild 4.12: Schätzung der Standardabweichung des Kreisradius'. Maximaler Zählerstand 5 bei Kreisradius 50.

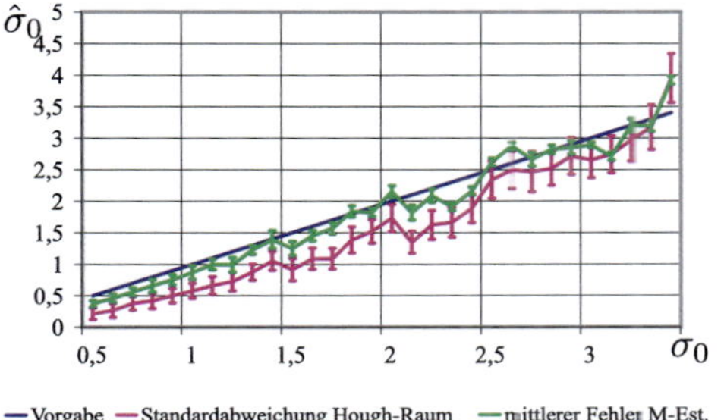

Bild 4.13: Schätzung der Standardabweichung des Kreisradius'. Maximaler Zählerstand 10 bei Kreisradius 50.

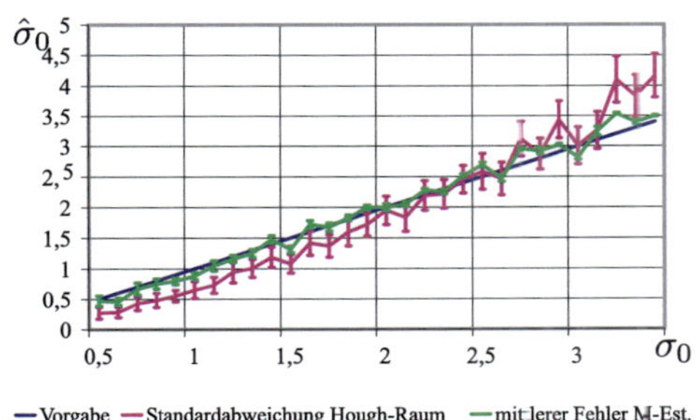

Bild 4.14: Schätzung der Standardabweichung des Kreisradius'. Maximaler Zählerstand 15 bei Kreisradius 50.

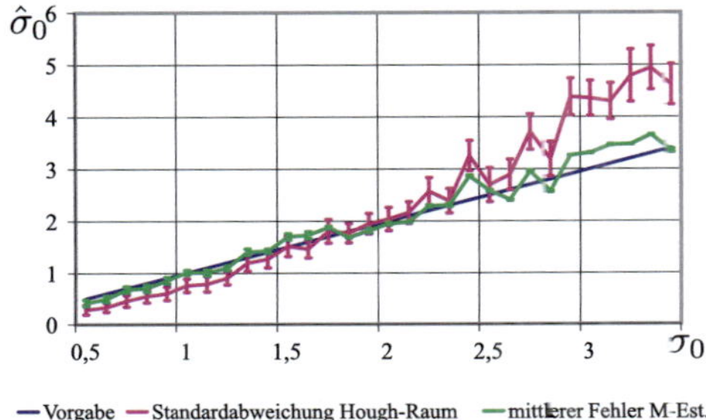

Bild 4.15: Schätzung der Standardabweichung des Kreisradius'. Maximaler Zählerstand 20 bei Kreisradius 50.

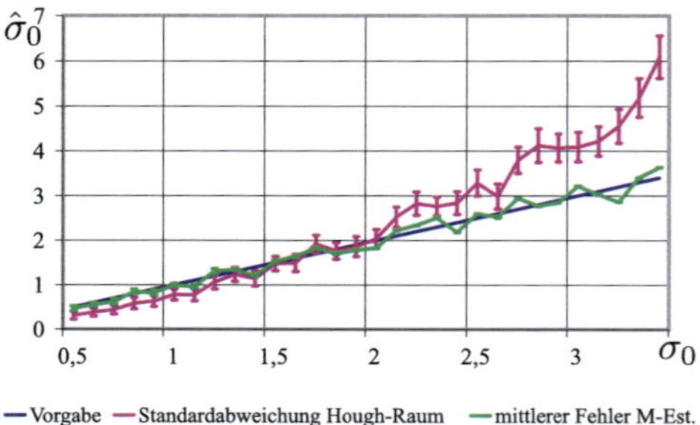

Bild 4.16: Schätzung der Standardabweichung des Kreisradius'. Maximaler Zählerstand 25 bei Kreisradius 50.

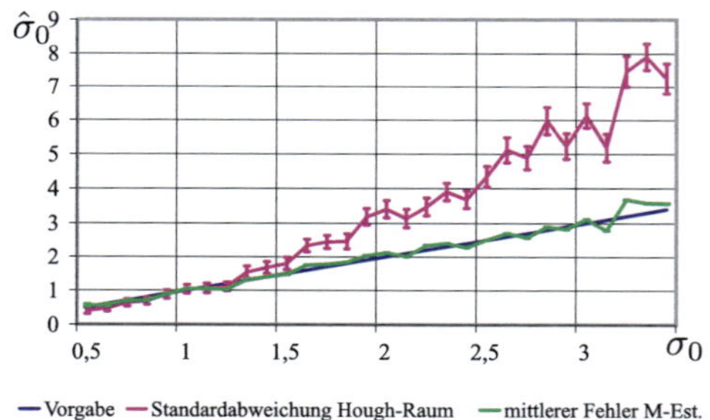

Bild 4.17: Schätzung der Standardabweichung des Kreisradius'. Maximaler Zählerstand 50 bei Kreisradius 50.

Die Auswertung der Diagramme ergibt folgende Zusammenhänge:

- $\hat{\sigma}_{r,\text{Hough}}$ nimmt – wie vermutet – mit Vergrößerung der Standardabweichung bei der Kreisgenerierung zu. Dabei steigt $\hat{\sigma}_{r,\text{Hough}}$ überproportional.

- Je höher der verlangte maximale Zählerstand ist, desto höher ist $\hat{\sigma}_{r,\text{Hough}}$.

- Die Streuung von $\hat{\sigma}_{r,\text{Hough}}$ nimmt mit steigendem maximalen Zählerstand ab.

- Durch die Berechnung von $\hat{\sigma}_0$ im M-Estimator können Fehler bei der Schätzung von $\hat{\sigma}_{r,\text{Hough}}$ meist korrigiert werden. Ab einem maximalen Zählerstand von etwa 10 gelingt dies sehr gut.

- Für eine gute erste Schätzung der Standardabweichung $\hat{\sigma}_{r,\text{Hough}}$ sollte ein maximaler Zählerstand zwischen 10 und 15 gewählt werden. Dies vermeidet auch die Auswahl einer zu großen Toleranz, was bei mehreren überlappenden Kurven dazu führen könnte, dass zu große Bereiche der Nachbarkurven ausgeschnitten werden.

Für den Sonderfall eines idealen Kreises, bei dem eine Standardabweichung von 0 geschätzt wird, muss für die Kreisprüfung und Entfernung der Datenpunkte eine minimale Toleranz $\delta_{r,\min}$ vorgegeben werden. Diese wird in der Größenordnung der Quantisierung der RHT gewählt.

Außerdem wurde untersucht, ob der Radius des Kreises und somit die Anzahl Datenpunkte Einfluss auf das Ergebnis haben. Dazu wurden weitere Versuche mit den Kreisen größeren Radius durchgeführt. Beispielhaft ist das Diagramm eines Kreises mit Radius 200 in Bild 4.18 zu sehen.

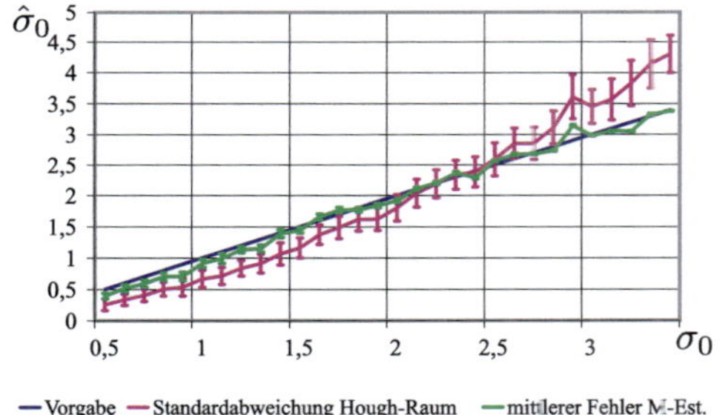

Bild 4.18: Schätzung der Standardabweichung des Kreisradius. Maximaler Zählerstand 15 bei Kreisradius 200. Es ist gegenüber Bild 4.14 kein Einfluss des Kreisradius oder der Anzahl Datenpunkte feststellbar.

Das vorgestellte Verfahren ist somit unabhängig von Änderungen des Kreisradius.

Nun sollen die Stärken des Verfahrens an einem synthetisch erzeugten Beispielbild demonstriert werden. Dazu wird ein Kantenbild mit idealen Geraden, Ellipsen und einem Rechteck erzeugt. Anschließend werden unterschiedlich stark verrauschte Kreise hinzugefügt. Die so erzeugten Daten sind in Bild 4.19(a) zu sehen.

Nach Anwendung der bisherigen RHT mit nachgelagertem *M-Estimator* und fester Toleranz $\delta_r = 3$ ergibt sich Kantenbild 4.19(b). Ein relativ kleiner, stark verrauschter Kreis wurde nicht gefunden. Bei den stärker verrauschten Kreisen wurden nicht alle Kantenpunkte entfernt. Bei Bild 4.19(c) wurde eine vergrößerte Toleranz von $\delta_r = 10$ gewählt. Dadurch können alle Kreise gefunden werden. Allerdings werden große Bereiche der Geraden, der großen Ellipse und des Rechtecks ohne Grund entfernt. Durch Schätzung der Standardabweichungen $\hat{\sigma}_{r,\text{Hough}}$ und $\hat{\sigma}_0$ und durch Entfernen der Kantenpunkte mit einer Toleranz von $\delta_r = 3 \cdot \hat{\sigma}_0$

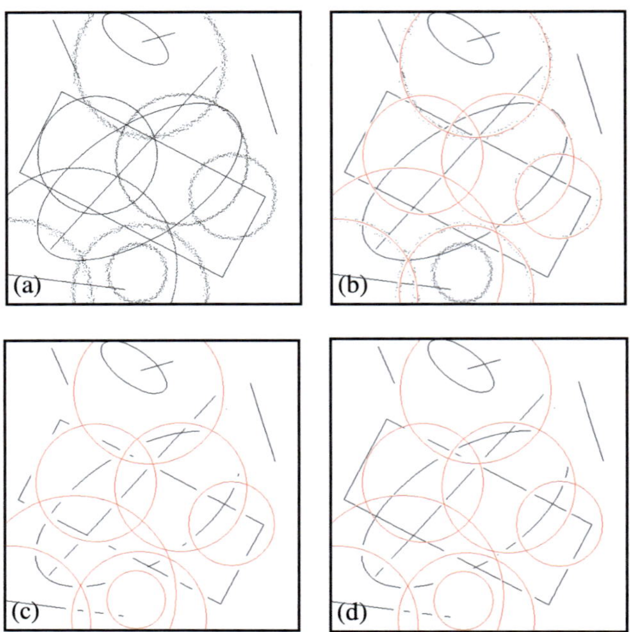

Bild 4.19: Kreisschätzung anhand von synthetisch erzeugten Testdaten. (a) Testbild mit unterschiedlich verrauschten Kreisen, sowie idealen Geraden, Ellipsen und einem Rechteck, (b) Kreisschätzung mittels RHT und M-Estimator mit fester Toleranz $\delta_r = 3$, (c) mit fester Toleranz $\delta_r = 10$ und (d) mit Bestimmung der Standardabweichungen bei Starttoleranz $\delta_r = 10$ und Toleranz $\delta_{r,\text{Hough}} = 3 \cdot \hat{\sigma}_{r,\text{Hough}}$ bzw. $\delta_r = 3 \cdot \sigma_0$. Gefundene Kreise jeweils in rot eingezeichnet.

ergibt sich ein wesentlich besseres Ergebnis, siehe Bild 4.19(d). Alle Kreise werden gefunden und deren Kantenpunkte präzise entfernt. Nur bei stark verrauschten Kreisen werden größere Bereiche der Geraden etc. entfernt. Bei wenig verrauschten Kreisen, wie beim Rechteck auf der linken Seite, bleiben die Kantenpunkte erhalten.

4.2.4 Optimierung der Anzahl der Zufallsversuche

Es stellt sich die Frage, wie die Anzahl Zufallsversuche N bei der RHT festgelegt werden soll. Wird N ausreichend groß gewählt und es sind noch wahre Kurven im Datensatz vorhanden, so wird ein ausreichender Zählerstand im Akkumulator erreicht und die Kurve aus dem Datensatz entfernt.

Für den Fall, dass bereits alle wahren Kurven entfernt wurden, stellt sich die Situation anders dar. Die Anzahl Zufallsversuche wird vollständig durchgeführt. Die Aufgabe besteht nun darin, sicher festzustellen, ob keine weitere Kurve vorhanden ist und es muss vermieden werden, mehr Berechnungen als unbedingt notwendig durchzuführen.

Daher soll im Folgenden ein analytischer Zusammenhang hergestellt werden. Es liegen dafür einige nutzbare Informationen vor. In Abschnitt 2.1.2 wurde die Wahrscheinlichkeit für das Ziehen von Kurvenpunkten aus der Gesamtzahl an Datenpunkten bestimmt. Für den Fall eines Kreises ergibt sich näherungsweise

$$\hat{p}_{\text{Kreis}} = \left(\frac{m_{\text{Kreis}}}{m} \right)^3 \, , \tag{4.18}$$

mit der Anzahl Kreispunkte m_{Kreis} und der Gesamtzahl Datenpunkte m. Damit lässt sich die Wahrscheinlichkeit, dass der Zählerstand des Kreises im Parameterraum mindestens den geforderten minimalen Zählerstand erreicht zu

$$p_{\text{min. Zählerstand}} = 1 - \sum_{i=0}^{v-1} \binom{N}{i} p_{\text{Kreis}}^i (1 - p_{\text{Kreis}})^{N-i} \tag{4.19}$$

berechnen. Bekannt ist die Anzahl Datenpunte m bei Beginn einer Epoche sowie der minimal zu erreichende Zählerstand des Akkumulators v, der als Parameter vor der Berechnung festgelegt wird. Die Konfidenz, mit der das Auffinden eines Kreises sichergestellt werden soll, wird durch $p_{\text{min. Zählerstand}}$ repräsentiert. N ist die gesuchte Anzahl Zufallsversuche, die mindestens aufgewendet werden muss, um den Kreis mit der gegebenen Konfidenz zu finden. Nicht bekannt ist somit die Anzahl Kreispunkte m_{Kreis}. Diese kann jedoch nach unten abgeschätzt werden.

Gleichung (4.19) lässt sich nicht ohne weiteres nach N auflösen. N wird deshalb mittels numerischer Verfahren bestimmt.

Die Anzahl Datenpunkte eines Kreises wird mit der Näherungsformel in Gleichung (4.15) berechnet. Dabei wird der Radius r auf den minimal zu erwartenden Radius r_{min} gesetzt. Zudem wird die Vollständigkeit des Kreises sowie das Rauschen durch einen Vorfaktor α in die Abschätzung einbezogen.

$$m_{\text{Kreis}} = \alpha \cdot 4\sqrt{2} r_{\text{min}} \tag{4.20}$$

Der minimal zu erwartende Radius r_{min} lässt sich mit Hilfe von Vorwissen festlegen. So sind im hier vorgestellten Anwendungsbeispiel die zu erwartenden Durchmesser der Patronenhülsen, Zündhütchen und Schlagbolzeneindrücke abschätzbar.

Es soll überprüft werden, ob der in Gleichung (4.19) hergeleitete Zusammenhang zwischen der Anzahl Zufallsversuche N und der Konfidenz $p_{\text{min. Zählerstand}}$ sich auch in empirischen Untersuchungen so wiederfinden lässt. Dazu werden Testdaten mit Kreispunkten eines idealen Kreises und der doppelten Anzahl Rauschpunkten generiert. Für jede Anzahl Zufallsversuche N wird 1000 mal eine Epoche der RHT durchgeführt und geprüft, ob bei einem minimalen Zählerstand von $s = 10$ der Kreis gefunden werden konnte. Der Anteil erfolgreicher Kreisschätzung wird als Konfidenz aufgetragen. Diese Konfidenz wird mit der analytischen berechneten Konfidenz aus Gleichung (4.19) verglichen.

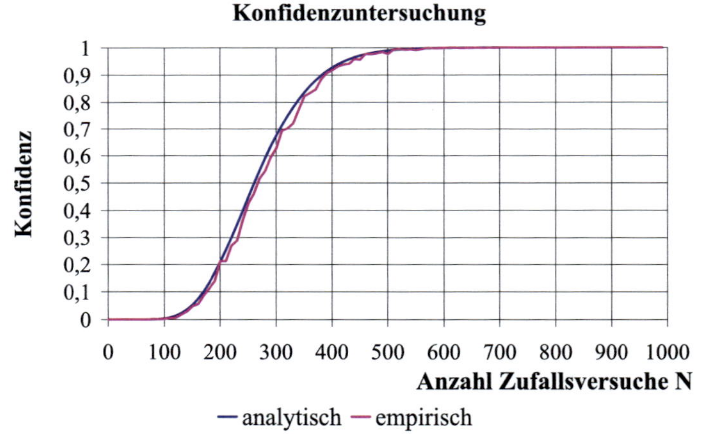

Bild 4.20: Untersuchung der Konfidenz für das Erreichen des minimalen Zählerstandes über der Anzahl Zufallsversuche N. Der analytische Zusammenhang stimmt mit dem empirisch bestimmten sehr gut überein.

Wie in Abbildung 4.20 zu erkennen, kann der analytische Zusammenhang empirisch sehr gut nachvollzogen werden.

4.2.5 Detektion des Hülsenrandes als Referenzkreis

Sowohl die innere Kante der Fase am Hülsenrand als auch die Rille um das Zündhütchen sind näherungsweise konzentrisch zum Hülsenrand. Durch den deutlichen Kontrast der Hülse gegenüber dem Hintergrund sowie durch den großen Radius ist der Hülsenrandkreis zuverlässig zu bestimmen.

Durch die in Abschnitt 4.2.1 vorgestellte Trennung von Hintergrund und Hülse ist eine wichtige Vorarbeit für die Kreisschätzung bereits durchgeführt. Sie garantiert, dass in der Regel ausschließlich ein Kreis sowie wenige Rauschpunkte im Kantenbild übrig bleiben. Somit ist die Kreisschätzung auf diese Kantendaten schnell und einfach durchführbar. Der so bestimmte Kreis wird für die im nächsten Abschnitt beschriebene Detektion konzentrischer Kreise sowie für die Kaliberbestimmung in der Kreisklassifikation in Abschnitt 4.2.7 genutzt.

Die Vorgehensweise wird zudem verwendet, um bei der automatisierten Bilderfassung die Position der Hülse im Bild sowie die Anzahl notwendiger Aufnahmepositionen für die vollständige Erfassung der Hülse zu bestimmen.

4.2.6 Detektion konzentrischer Kreise

Die im letzten Abschnitt erläuterte Konzentrizität der meisten relevanten Kreise auf dem Hülsenboden lässt sich in vorteilhafter Weise zur Beschleunigung der Kreisschätzung heranziehen. In [Guo u. a. 2006] wird hergeleitet, dass für eine gegebene Konfidenz in etwa

$$ N \propto \left(\frac{m}{m_{\text{Kreis}}} \right)^{3} \tag{4.21} $$

gilt. Daraus folgt, dass eine Verschlechterung des *Signal-zu-Rausch-Verhältnisses* $\frac{m_{\text{Kreis}}}{m}$ kubisch in die notwendige Anzahl Zufallsversuche N eingeht. Daraus erklärt sich, dass viele Vorschläge zur Beschleunigung der RHT auf eine Verbesserung des *Signal-zu-Rausch-Verhältnisses* abzielen.

In [Kalviainen u. a. 1995] wurden dazu drei Varianten der RHT vorgeschlagen. Die *Random-Window*-RHT wendet ein rechteckiges Fenster zufälliger Größe und zufälliger Position auf die Daten an. Mit den Daten in diesem Fenster wird eine normale RHT durchgeführt und gegebenenfalls gefundene Kurven entfernt. Bei der *Window*-RHT wird ein Punkt gezogen, für eine vordefinierte kleine Umgebung mit der *Methode der kleinsten Quadrate* Kurvenparameter bestimmt und diese bei ausreichender Güte in den Akkumulator aufgenommen. Bei der *Connective* RHT wird ausgehend vom Kantenpunkt in der Fenstermitte mit Hilfe eines *Connected Component Labeling* (CCL) [Rosenfeld u. Pfaltz 1966] damit zusammenhängende Kantenpunkte gesucht. Darauf wird wiederum die *Methode der kleinsten Quadrate* angewandt und bei ausreichender Güte der Parametersatz in den Akkumulator aufgenommen.

Von [Guo u. a. 2006] wird vorgeschlagen, ein rechteckiges Fenster systematisch über das Kantenbild zu schieben, um jeweils innerhalb des Fensters nach Kreisen zu suchen. Es werden sinnvolle Parameterwerte für die Schrittweite und Fenstergröße bei näherungsweise bekannten Kreisradien gemacht.

[Chiu u. Liaw 2006] versuchen, ausgehend von Ecken im Kantenbild zusammenhängende Kurvensegmente zu finden. Diese werden dann mit einer RHT auf gültige Kurven durchsucht.

Da die Kurvensegmente, bezogen auf die Kurvenlänge bei Kantenbildern des Hülsenbodens sehr häufig durchbrochen sein können, eignet sich letzte Methode nicht für den hier vorgestellten Anwendungsfall. Auch die Anwendung rechteckiger Fenster erscheint bei Kreisen, die teilweise einen Durchmesser in der Größenordnung der Bildabmaße erreichen, nicht sinnvoll. Jedoch kann aus der vorhandenen Konzentrizität Vorteile gezogen werden. Dazu wird der mit Hilfe der Klassifikation von Vorder- und Hintergrund gefundene Hülsenrand als Referenzkreis verwendet. Es wird vorgeschlagen, den Suchraum jeweils um die Referenzkreismitte auf einen ringförmigen Bereich, sich systematisch reduzierenden Durchmessers einzuschränken, siehe Abbildung 4.21. Dadurch wird das *Signal-zu-Rausch-Verhältnis* signifikant verbessert und es können dennoch alle relevanten Kreise gefunden werden. Des Weiteren ergibt sich der Vorteil, dass nun der Kreis mit dem minimal zu erwartenden Radius genau bekannt ist, denn dieser ergibt sich aus dem Innendurchmesser des jeweiligen Suchraums r_{innen}.

Durch das günstige *Signal-zu-Rausch-Verhältnis* können verschiedene Abbruchkriterien in vorteilhafter Weise angewandt werden. So ergeben sich durch die Berechnung und Anwendung der maximalen Anzahl Zufallsversuche entsprechend Abschnitt 4.2.4 signifikante Verkürzungen der Rechenzeit.

Nach der Durchführung der RHT mit konzentrischen Suchräumen kann eine allgemeine RHT auf die verbleibenden Kantenpunkte ausgeführt werden, um evtl. noch vorhandene, nicht konzentrische Kreise zu entdecken.

4.2.7 Kreisklassifikation

In den letzten Abschnitten wurde ein Verfahren vorgestellt, mit dem sich kreisförmige Strukturen auf dem Boden der Patronenhülse auffinden lassen. Die in Abschnitt 4.2 gestellte Aufgabe besteht jedoch darin, nicht nur kreisförmige Strukturen zu finden, sondern sie definierten Elementen des Patronenbodens zuzuordnen.

Dies wird in einem mehrstufigen Verfahren durchgeführt. Erster Schritt ist die Umrechnung der Kreisparameter von Größen in Bildpunktabstand in metrische Größen. Anschließend wird eine Klassifikation des Kalibers nach dem Hülsendurchmesser durchgeführt.

Danach folgt als zweiter Schritt die Einordnung der Kreise in die Klassen Hülsenrand (HR), Zündhütchen (ZH) und Schlagbolzeneindruck (SB). Zudem werden

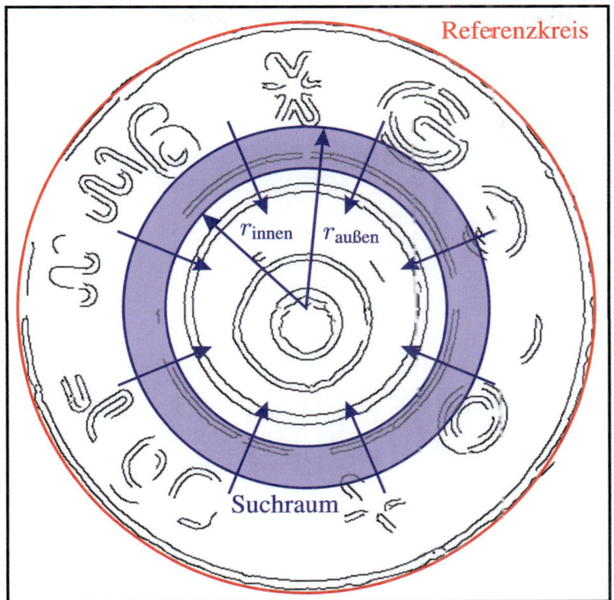

Bild 4.21: Ringförmiger Suchraum für die RHT mit dem Innenradius r_{innen} und dem Außenradius $r_{außen}$. Der Suchraum wird konzentrisch zum Referenzkreis schrittweise verkleinert.

Kreiskandidaten als unbekannt (UB) zurückgewiesen, die nicht den Kriterien der oben genannten Klassen entsprechen.

Abschließend werden die Kreise des Hülsenrandes genauer klassifiziert. Es wird der äußere und der innere Hülsenrand identifiziert. Gleiches gilt für die Unterteilung von Zündhütchen und Schlagbolzen entsprechend der in Abschnitt 4.2 eingeführten Kreisklassen. Im Folgenden werden für diese Kreisklassen Kurzbezeichnungen verwendet. Diese lauten:

- äußerer Hülsenrand (HRA)

- innerer Hülsenrand (HRI)

- äußeres Zündhütchen (ZHA)

- inneres Zündhütchen (ZHI)

- äußerer Schlagbolzeneindruck (SBA)

- innerer Schlagbolzeneindruck (SBI)

In Bild 4.22 wird beispielhaft die Zuordnung von Kreisen zu den Klassen gezeigt.

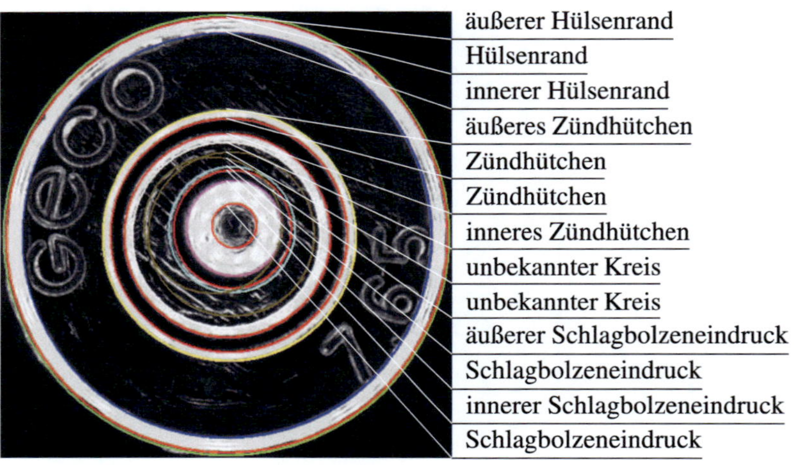

Bild 4.22: Patronenboden mit manuell klassifizierten Kreisen.

Es wurden unterschiedliche Klassifikationsverfahren realisiert [Stritt 2008]. Ein ausgewähltes Verfahren wird in den nächsten Abschnitten beschrieben. Detailliertere Angaben und weitere Verfahren sind [Stritt 2008] zu entnehmen. Die Ergebnisse des verwendeten Klassifikationsverfahren werden in Abschnitt 6.2 vorgestellt.

4.2.7.1 Klassifikation des Kalibers

Mit Hilfe des Radius des in Abschnitt 4.2.5 bestimmten Referenzkreises in Millimetern können die in Frage kommenden Kaliber einer Patronenhülse eingeschränkt werden. Eine genaue Bestimmung des Kalibers ist nicht möglich, da sich die Kaliberangabe auf den Geschossdurchmesser bezieht und viele Kaliber auf Grundlage anderer Kaliber entwickelt wurden und damit vergleichbare Durchmesser des Hülsenbodens besitzen.

Zur Bestimmung des wahrscheinlichsten Kalibers wird ein *Maximum-Likelihood*-Klassifikator verwendet [Duda u. a. 2000]. Da keine Informationen über die *a-priori*-Wahrscheinlichkeiten der Kaliber gegeben sind werden diese als gleichwahrscheinlich angenommen. Somit ergibt sich die zu maximierende *a-posteriori*-

Wahrscheinlichkeit $P(w_i|r)$ für eine Klasse w_i bei einem Radius r direkt aus der *Likelihood* $p(r|w_i)$.

Die Klassifikation wird auf Basis der so bestimmten Wahrscheinlichkeiten für die unterschiedlichen Klassen durchgeführt. Es wird die Klasse w gewählt, die zur größten *a-posteriori*-Wahrscheinlichkeit führt.

$$w = \arg \max_i P(w_i|r) = \arg \max_i p(r|w_i) \tag{4.22}$$

Im Falle des Hülsendurchmessers wird von der vereinfachenden Annahme ausgegangen, dass die Hülsendurchmesser innerhalb einer Klasse normalverteilt sind. Mit Hilfe einer ausreichend großen, manuell klassifizierte Trainingsmenge können die Parameter Mittelwert $\overline{r}_{w_i}$ und Standardabweichung $s(r_{w_i})$ der Normalverteilung für jede Klasse bestimmt werden. Damit sind die Wahrscheinlichkeitsdichtefunktionen $p(r|w_i)$ für die Klassen bestimmt. Die Klassifikationsregel ergibt sich damit zu

$$\hat{w} = \arg \max_i \frac{1}{\sqrt{2\pi}s(r_{w_i})} \exp\left(-\frac{1}{2}\left(\frac{r - \overline{r}_{w_i}}{s(r_{w_i})} \right)^2 \right) \quad . \tag{4.23}$$

Die Ergebnisse der Klassifikation des Kalibers sind in Kapitel 6 zu finden.

4.2.7.2 Kreisklassifikation in Hülsenrand, Zündhütchen und Schlagbolzeneindruck

Im nächsten Verarbeitungsschritt werden die Kreise in die Klassen „Hülsenrand", „Zündhütchen" und „Schlagbolzeneindruck" eingeordnet. Zudem werden ungeeignete Kreiskandidaten als unbekannt zurückgewiesen.

Im Rahmen der Untersuchungen stellte sich heraus, dass das Merkmal Radius $\gamma_r = r$ als alleiniges Merkmal für die Zuordnung der Klassen ungeeignet ist. Insbesondere kommen sich die Zündhütchenkreise und die Kreise des Schlagbolzeneindrucks in manchen Fällen so nahe, dass es zu Fehlklassifikationen kommt. Zudem ist es häufig nicht möglich, Kreise korrekt der Klasse „unbekannt" zuzuordnen. Daher werden zusätzliche Merkmale eingeführt.

In Bild 4.22 ist zu sehen, dass Kreise mehrheitlich in Bereichen mit hohen Gradienten gefunden werden. Dies ist nachvollziehbar, da die Kantenpunkte mit Hilfe eines Canny-Kantendetektors identifiziert werden, der auf große Gradienten anspricht. Am Hülsenrand und im Schlagbolzeneindruck werden zum Teil Kreise gefunden, die sich an zwei konzentrische Strukturen anschmiegen, siehe Bild 4.22.

Sie berühren auf der einen Seite die äußere Struktur und gegenüberliegend die innere Struktur. Derartige Kreiskandidaten sind unerwünscht und sollen der Klasse der unbekannten Kreise zugeordnet werden. Dazu wird als Merkmal der mittlere Gradient in radialer Richtung γ_g ermittelt. Nach Transformation in Polarkoordinaten um den Mittelpunkt $\mathbf{c}$ des betrachteten Kreises werden die Bildwerte $g_{\mathbf{c}}(r, \phi)$ über alle Winkel ϕ gemittelt. Anschließend wird der Gradient in radialer Richtung bestimmt.

$$\gamma_g = \frac{\partial}{\partial r} \int_{\varphi} g_{\mathbf{c}}(r, \varphi) \mathrm{d}\phi \qquad (4.24)$$

Durch die Mittelung heben sich bei unbekannten Kreisen die positiven und negativen Gradienten der inneren und äußeren Struktur teilweise auf. Dadurch weist das Merkmal geringere absolute Werte auf als bei korrekt geschätzten Kreisen. Da bei der Zuordnung der hier zu bestimmenden Klassen positive und negative Gradienten innerhalb einer Klasse auftreten können, wird für diesen Klassifikationsschritt der Betrag des Merkmals $|\gamma_g|$ verwendet.

Ein weiteres Merkmal, das ähnliche Eigenschaften aufweist, ist die in Abschnitt 4.2.2.2 bei der Kreisschätzung mittels RHT berechnete Vollständigkeit eines Kreises γ_v. Unbekannte Kreise weisen eine eher kleine, alle anderen Kreise eine höhere Vollständigkeit auf.

Als viertes Merkmal dient die Exzentrizität γ_e des betrachteten Kreises in Bezug auf den Referenzkreis. Sie ist als euklidischer Abstand der Mittelpunkte der Kreise definiert:

$$\gamma_e = ||\mathbf{c} - \mathbf{c}_{\mathrm{ref}}|| \qquad (4.25)$$

Die Nutzung dieses geometrischen Merkmals beruht auf der Tatsache, dass bei Kreisen des Hülsenrandes und des Zündhütchens davon ausgegangen werden kann, dass diese eine geringe Exzentrizität aufweisen. Dies liegt an der rotationssymmetrischen Form der Hülse. Der Schlagbolzeneindruck und die unbekannten Kreise können dagegen größere Exzentrizität besitzen.

Die vorgestellten Merkmale werden zu einem Merkmalsvektor

$$\boldsymbol{\gamma}_1 = (\gamma_r, |\gamma_g|, \gamma_e, \gamma_v)^{\mathrm{T}} \qquad (4.26)$$

zusammengefasst. Tabelle 4.2.7.2 fasst dieses Vorwissen über den Zusammenhang zwischen den Merkmalen und Kreisklassen zusammen.

Für derartiges Vorwissen, das sich in Begriffe wie hoch, mittel, niedrig fassen lässt, bietet sich die Klassifikation mittels dem Verfahren der „unscharfen" Klassifikation (*engl. fuzzy classification*) an. Dabei werden die Begriffe in sogenannten Zugehörigkeitsfunktionen (*engl. fuzzy category membership functions*) abgebildet, die

Kreisklasse	Merkmal			
	γ_r	$|\gamma_g|$	γ_e	γ_v
Hülsenrand	groß	hoch	sehr niedrig	hoch
Zündhütchen	mittel	hoch	niedrig	hoch
Schlagbolzen	klein	hoch	meist hoch	meist hoch
Unbekannt	beliebig	niedrig	beliebig	niedrig

Tabelle 4.1: Merkmalsausprägungen allgemeiner Kreisklassen [Stritt 2008].

Werte im Intervall $[0,1]$ annehmen [Duda u. a. 2000]. In Bild 4.23 werden am Beispiel der Klasse „Hülsenrand" Zugehörigkeitsfunktionen schematisch dargestellt.

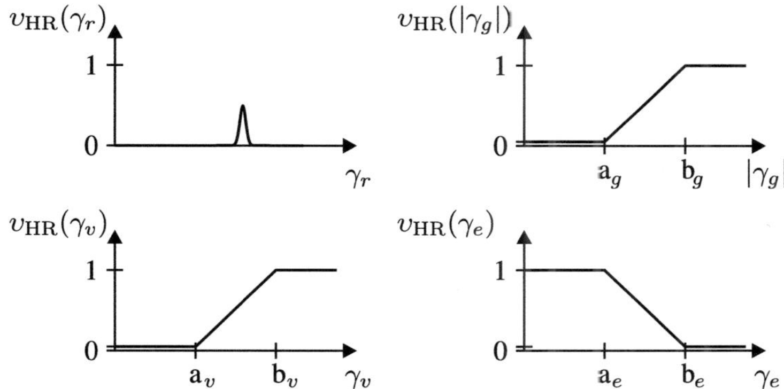

Bild 4.23: Schematische Darstellung der Zugehörigkeitsfunktionen am Beispiel des Hülsenrandes.

Die Zugehörigkeitsfunktion des Radius $v_{\mathrm{HR}}(\gamma_r)$ bleibt weiterhin eine Gaußkurve. Diese wird wegen der Vergleichbarkeit mit den anderen Zugehörigkeitsfunktion mit Hilfe der Evidenz $p(r)$ normiert. Die Parameter ergeben sich wie bei der Klassifikation des Hülsendurchmessers aus den Trainingsdaten, jetzt eingeschränkt auf die jeweilige Kaliberklasse.

Die Zugehörigkeitsfunktion des Betrags des Gradienten $v_{\mathrm{HR}}(|\gamma_g|)$ bildet das Vorwissen bezüglich des zu erwartenden Gradienten der Hülsenrandkreise ab. Es wird davon ausgegangen, dass dieser hoch ist. Die Zugehörigkeitsfunktion startet mit einem konstanten, positiven Wert nahe 0, steigt ab dem Abzissenwert a_g linear bis zum Abzissenwert b_g auf 1 an und bleibt ab dann 1. Niedrige Beträge des Gradienten werden somit bestraft, hohe belohnt. Zur Bestimmung sinnvoller charakteristischer Werte der Funktion werden aus den Trainingsdaten Mittelwert und Standardabweichung des Betrags des Gradienten für das Kaliber und die Kreisklasse „Hülsenrand" geschätzt. Ab dem Mittelwert wird die Zugehörigkeitsfunktion 1, der Beginn der Steigung wird um die Standardabweichung nach links verschoben festgelegt.

Bei der Zugehörigkeitsfunktion der Vollständigkeit $v_{\mathrm{HR}}(\gamma_v)$ wird vergleichbar gehandelt.

Hinsichtlich der Exzentrizität sind die Anforderungen umgekehrt. Hier sollen niedrige Werte belohnt, hohe dagegen bestraft werden. Daher ist die Zugehörigkeitsfunktion der Exzentrizität $v_{\mathrm{HR}}(\gamma_e)$ gespiegelt. Bei niedrigen Abzissenwerten ist sie eins, fällt beim Mittelwert linear ab. Um die Standardabweichung nach rechts verschoben bleibt sie auf einem konstanten, positiven Wert nahe 0.

In vergleichbarer Art und Weise werden die Zugehörigkeitsfunktionen für die anderen Klassen erstellt und die charakteristischen Werte mit Hilfe der Trainingsdaten des betrachteten Kalibers festgelegt. Soll ein Merkmal bei einer Klasse keinen Einfluss nehmen, so wird es konstant auf eins festgelegt. Dies ist z. B. bei der Exzentrizität des Schlagbolzens der Fall, da dieser exzentrisch liegen kann, aber nicht muss. Details zu den Zugehörigkeitsfunktionen sind in [Stritt 2008] nachzulesen.

Vereinfachend wird die Unabhängigkeit der Merkmale angenommen. Daher werden die Zugehörigkeitsfunktionen durch Multiplikation fusioniert:

$$v_{w_i}(\boldsymbol{\gamma}_1) = \prod_i v_{w_i}(\gamma_i) = v_{w_i}(\gamma_r) \cdot v_{w_i}(|\gamma_g|) \cdot v_{w_i}(\gamma_v) \cdot v_{w_i}(\gamma_e) \quad . \quad (4.27)$$

Wegen der Multiplikation müssen Werte der Zugehörigkeitsfunktion von null vermieden werden, da sonst für alle Klassen die fusionierte Zugehörigkeitsfunktionen null werden könnten.

Es wird die Klasse gewählt, deren fusionierte Zugehörigkeitsfunktionen für den gegebenen Merkmalsvektor $\boldsymbol{\gamma}_1$ maximal ist:

$$\hat{w} = \arg\max_i v_{w_i}(\boldsymbol{\gamma}_1) \quad . \tag{4.28}$$

Die Ergebnisse der Klassifikation sind in Kapitel 6 zu finden.

4.2.7.3 Klassifikation in Unterklassen

Nach Klassifikation der Kreise in die Hauptklassen „Hülsenrand", „Zündhütchen" und „Schlagbolzeneindruck" und Entfernung nicht relevanter Kreise der Klasse „unbekannt" werden die übrig gebliebenen Kreise den in Abschnitt 4.2.7 definierten Unterklassen zugeordnet.

Bei Betrachtung von Bild 4.22 können die Eigenschaften der Kreise abgelesen werden. Der äußere Hülsenrand ist der größte Kreis des Hülsenrandes und er besitzt wegen des Hell-Dunkel-Überganges einen negativen Gradienten. Deshalb wird der größte Kreis mit negativem Gradienten gewählt. Der innere Hülsenrand besitzt den kleinsten Radius des Hülsenrandes und einen Dunkel-Hell-Übergang und somit einen positiven Gradienten. Entsprechend wird der kleinste Kreis mit positivem Gradienten gewählt.

Die inneren und äußeren Zündhütchenkreise besitzen die gleichen Eigenschaften und lassen sich in gleicher Weise identifizieren.

Beim Schlagbolzeneindruck muss zunächst genauer definiert werden, was genau gemessen werden soll. In Abschnitt 4.1 wird der Schlagbolzeneindruck beschrieben und in Bild 4.22 gezeigt. Bei starker Treibladung in der Patrone kann es zur Bildung eines Wulstes um den Schlagbolzeneindruck kommen. Bild 4.24 zeigt schematisch ein Zündhütchen mit einem Schlagbolzeneindruck ohne Wulst (a) und mit Wulst (b). Ziel der Segmentierungsaufgabe ist erstens, die Abgrenzung der

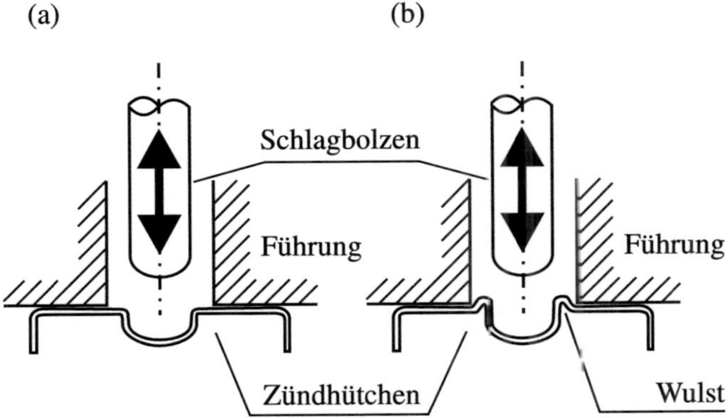

Bild 4.24: (a) Schematische Darstellung von Schlagbolzeneindrücken ohne Wulst und (b) mit Wulst.

flachen Bereiche, in denen Stoßbodenspuren zu erwarten sind, von anderen Bereichen. Somit soll der Kreis als äußerer Schlagbolzeneindruck identifiziert werden, bei dem der Wulst – soweit vorhanden – beginnt. Zweitens soll der Kreis als innerer Schlagbolzeneindruck klassifiziert werden, bei dem die Vertiefung im Zündhütchen beginnt. Dieser Kreis markiert den Bereich, der für den Vergleich von Schlagbolzenspuren von Interesse ist.

Beide Kreise sind durch einen Hell-Dunkel-Übergang und somit einen negativen Gradienten gekennzeichnet. Des Weiteren wird angenommen, dass der innere

Schlagbolzenkreis den größten aller Gradienten besitzt. Als innerer Schlagbolzeneindruck wird somit der Kreis klassifiziert, der den größten negativen Gradienten aufweist, als äußerer Schlagbolzeneindruck der größte Kreis mit negativem Gradienten.

Die Ergebnisse der Klassifikation sind in Kapitel 6 zu finden.

4.3 Segmentierung des Bodenstempels

Wie in Abschnitt 4.1 beschrieben, befinden sich in den Vertiefungen des in den Hülsenboden eingeprägten Bodenstempels keine Spuren der Waffe. Somit können und müssen diese Bereiche vom nachfolgenden Spurenvergleich ausgenommen werden. Dies ist sehr wichtig, da die Gradienten sehr viel stärker sind, als die der Waffenspuren und diese beim Vergleich dominieren würden, siehe Bild 4.1. In den nachfolgenden Abschnitten werden unterschiedliche Segmentierungsverfahren für den Bodenstempel vorgestellt.

Es stellt sich die Frage, welche Anforderungen an die Ausgangsdaten der Segmentierung gestellt werden. Zum einen darf wegen der Reproduzierbarkeit bei unterschiedlichen rotatorischen Ausrichtungen keine azimutale Beleuchtungsrichtung bevorzugt werden. Dies kann z. B. dadurch sichergestellt werden, dass eine Ringbeleuchtung verwendet wird. Alternativ kann die Fusion mittels des Verfahrens *Varianz im Beleuchtungsraum* aus Abschnitt 3.2.4 auf Spotbeleuchtungsserien angewendet werden. Auch die so entstandenen Merkmalsbilder weisen eine Unabhängigkeit vom Beleuchtungsazimut auf. Zum anderen ist darauf zu achten, dass für den Zweck der Segmentierung die Kanten des Rands der Buchstaben, Ziffern und Zeichen möglichst gut zu erkennen sind, jedoch die Spuren des Stoßbodens in den umgebenden Bereichen weitgehend unterdrückt werden. Da die Kanten des Bodenstempels in der Regel stärker geneigt sind und größere Ausdehnungen aufweisen, sind diese Kanten auch bei flacher Beleuchtung gut sichtbar. Demgegenüber werden die Stoßbodenspuren bei flachen Beleuchtungen wirksam unterdrückt.

Es werden im Folgenden Verfahren zur Segmentierung des Bodenstempels vorgestellt.

4.3.1 Regionenorientierte Segmentierung des Bodenstempels

Als erste Variante werden stellvertretend zwei regionenorientierte Verfahren zur Segmentierung eingesetzt, das *Connected-Component-Labeling* (CCL) [Rosenfeld

u. Pfaltz 1966] sowie alternativ die *Graph-based Image Segmentation* [Felzenszwalb u. Huttenlocher 2004]. Die Segmentierungsalgorithmen werden in ein Verfahren zur Segmentierung des Bodenstempels eingebunden, dass bereits in [Brein 2005b] sowie [Brein 2007b] zum Teil vorgestellt wurde. Eine Übersicht über das Verfahren wird in Bild 4.25 gezeigt.

Das für Bild 4.25 verwendete *Connected-Component-Labeling* basiert auf der Annahme, dass benachbarte Bildpunkte zu einem Segment gehören, wenn sich ihre Grauwerte nicht stärker als ein vorgegebener Wert ändern. Bildpunkte des gleichen Segments erhalten im Ergebnisbild den gleichen Grauwert. Ist die Änderung zu groß, wird ein neues Segment mit einem höheren Grauwert eingeführt. Daher entsteht beim Starten des Algorithmus in der oberen linken Ecke durch die nach unten hin ansteigenden Segmentnummern der in Bild 4.25 zu sehende Grauwertverlauf.

Das Verfahren *Graph-based Image Segmentation* versteht das Bild wie beim CCL als Graph. Die Bildpunkte sind die Knoten des Graphen, die absoluten Helligkeitsunterschiede zwischen benachbarten Bildpunkten werden als Gewichte der Kanten des Graphen gewertet. Die Segmentierung startet mit der Definition jedes Bildpunktes als eigenes Segment. Anschließend werden benachbarte Segmente zusammengefasst, bei denen eine Kante zwischen den Segmenten existiert, deren Gewicht klein genug ist bezogen auf das maximale Gewicht von Kanten innerhalb der Segmente.

Beide Segmentierungsalgorithmen liefern zusammenhängende Regionen im Bild und untergliedern die Buchstaben in mehrere Untersegmente, siehe Bild 4.25 im zweiten Bild auf der rechten Seite. Dies hängt mit den großen Gradienten im Buchstabenbereich zusammen, die eine Detektion in einem Stück verhindern. Die Untersegmente der Zeichen sollen jeweils zu einem Segment zusammengefasst werden. Auf dem Hülsenboden um die Buchstaben herum ergeben sich durch kleine Gradienten große Segmente. Dieses Wissen kann genutzt werden, um die Untersegmente der Buchstaben und Zeichen zu verbinden.

Durch Markieren der Segmente, deren Fläche einen Schwellwert übersteigt, können die kleinen Segmente zusammengefasst werden.

Ein sinnvoller Schwellwert kann empirisch auf Basis der Größenverteilung manuell segmentierter Buchstaben bestimmt werden.

Anschließend können die Bereiche des Hülsenrandes und innerhalb des Zündhütchens mit Hilfe der Informationen aus der Kreisschätzung und Kreisklassifikation entfernt werden.

Es bleiben innerhalb der großen, schwarzen Segmente um die Buchstaben kleine, weiße Bereiche erhalten. Diese werden mit Hilfe des CCL bestimmt. Weiße Flä-

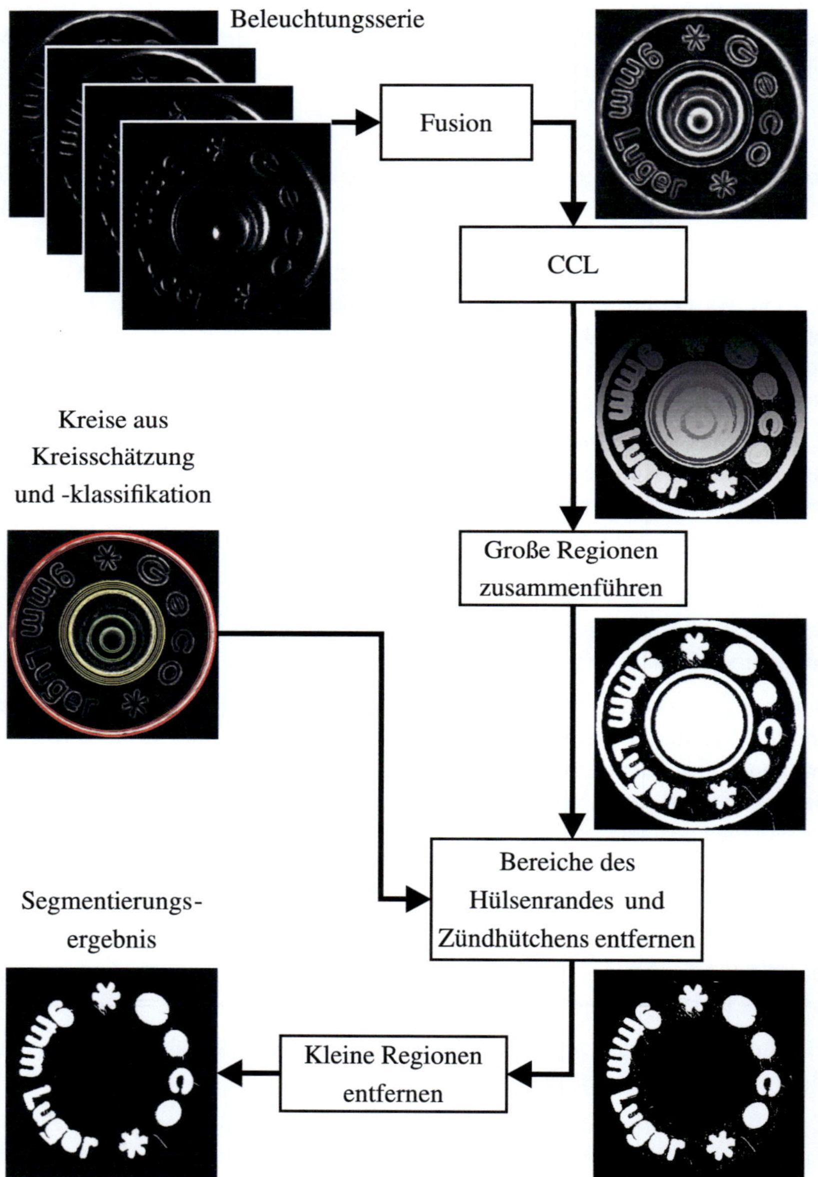

Bild 4.25: Bestimmung der Zeichen des Bodenstempels mit regionenorientierten Segmentierungsverfahren

chen kleiner als eine vorgegebene minimale Segmentgröße werden anschließend schwarz markiert.

4.3.2 Musterbasierte Segmentierung des Bodenstempels

Eine weitere Möglichkeit die Segmentierung des Bodenstempels zu bewerkstelligen, ist die Suche nach Hülsen gleichen Kalibers und Herstellers. Kann die Kennzeichnung der Hülse mit der einer gespeicherten in Deckung gebracht werden, so kann auch die Segmentierung von der gespeicherten auf die vorliegende Hülse übernommen werden. In den folgenden Abschnitten werden zwei unterschiedliche Ansätze auf Basis der Korrelation vorgestellt, welche zur Ausrichtung von Hülsen aneinander verwendet werden können.

Beiden Ansätzen ist gemein, dass sie die Parameter der Abbildung einer Hülsenaufnahme auf die andere bestimmen sollen. Unter der Voraussetzung, dass der Boden der Patronenhülse bei der Aufnahme senkrecht zur optischen Achse des Aufnahmesystems steht, können zwei Aufnahmen durch Translation, Rotation und Skalierung ineinander überführt werden. Die *Helmert-Transformation* oder *Ähnlichkeitstransformation* erfüllt diese Anforderungen. Sie lässt sich in homogenen Koordinaten als Matrixoperation schreiben [Hartley u. Zisserman 2003]

$$\begin{bmatrix} x' \\ y' \\ 1 \end{bmatrix} = \begin{bmatrix} s \cdot \cos\phi & s \cdot \sin\phi & t_x \\ -s \cdot \sin\phi & s \cdot \cos\phi & t_y \\ 0 & 0 & 1 \end{bmatrix} \begin{bmatrix} x \\ y \\ 1 \end{bmatrix} , \qquad (4.29)$$

mit dem Skalierungsfaktor s, dem Drehwinkel ϕ und der Translation in x- und y-Richtung t_x und t_y. In Kurzform ergibt sich

$$\mathbf{x}' = \mathbf{H}_h \cdot \mathbf{x} . \qquad (4.30)$$

In Bild 4.26(a) ist zu sehen, dass der Bodenstempel im Gegensatz zu den Spuren mit ihren feinen Strukturen als niederfrequenter Bildanteil angenommen werden kann. Dadurch ergibt sich die Möglichkeit, die gesuchten Parameter der Abbildung in kleinen Skalen einer Gauß-Pyramide [Jähne 2002] näherungsweise zu bestimmen und auf größeren Skalen zu verfeinern. Dies führt zu einer beträchtlichen Beschleunigung der Berechnungen.

Da die eher hochfreqenten Bildanteile der Spuren bei dieser Anwendung stören, werden sie durch die Wahl einer geeigneten Beleuchtung bzw. durch eine passende Vorverarbeitung unterdrückt. Durch Verwendung großer Elevationswinkel, d. h. flacher Beleuchtungen, lassen sich die geneigten Flächen im Bereich der Buchstaben und Zeichen des Bodenstempels gegenüber der Feinstruktur der

Oberfläche hervorheben. Dies lässt sich beim Vergleichen der Bilder 4.26(a) und
4.26(b) erkennen. Des Weiteren muss sichergestellt werden, dass die azimutale
Beleuchtungsrichtung keinen Einfluss bei der Rotation eines Bildes besitzt. Daher eignet sich z. B. eine Ringbeleuchtung, die diese Anforderungen erfüllt. Das
Ergebnis einer flachen Ringbeleuchtung ist in Bild 4.26(c) zu betrachten. Alternativ kann durch Berechnung der Varianz im Beleuchtungsraum einer Bildserie mit
gerichteter Beleuchtung das Ergebnisbild aus Abschnitt 3.2.4 invariant gegenüber
dem Beleuchtungsazimut der ursprünglichen Serie gemacht werden, zu sehen in
Bild 4.26(b).

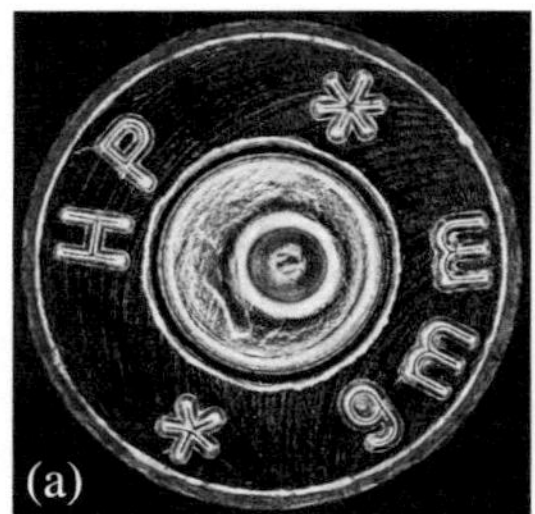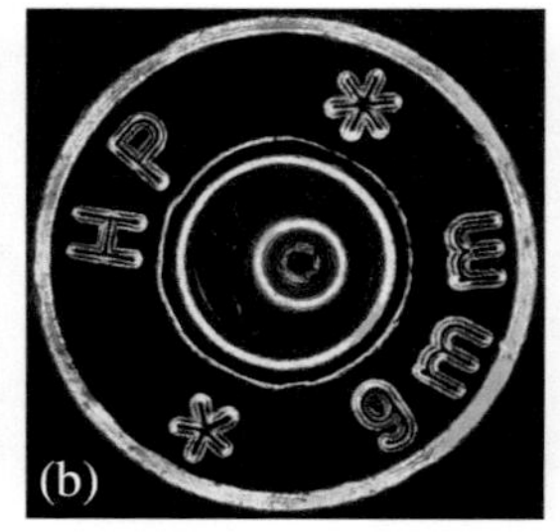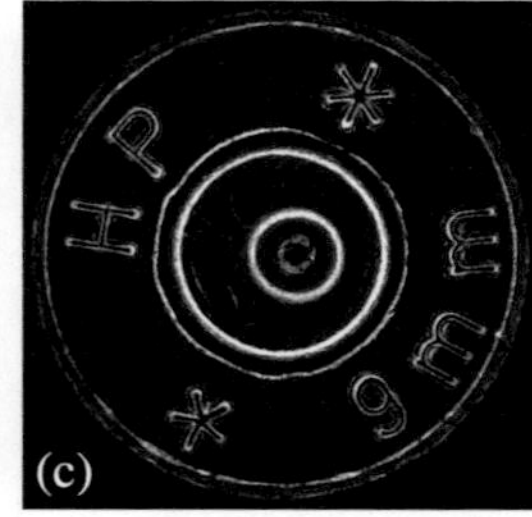

Bild 4.26: Tiefpasscharakter des Bodenstempels und Unterdrückung der hochfre-
quenten Spurenbilder durch eine geeignete Wahl der Beleuchtung und Vorverarbeitung. (a) Varianz im Beleuchtungsraum bei einem Elevationswinkel von 40°,
(b) bei einem Elevationswinkel von 70°. (c) Ringbeleuchtung bei einem Elevationswinkel von 80°.

4.3.2.1 Korrelationskoeffizient

Die Korrelation eignet sich dazu, lineare Ähnlichkeiten zwischen Bildern zu be-
urteilen. Dies lässt sich nutzen, um die Rotation und Translation zwischen zwei
Aufnahmen von Patronenhülsen mit maximaler Ähnlichkeit zu bestimmen. Die
Grundlagen zur Korrelation werden in Abschnitt 2.2 behandelt. In Abschnitt
4.3.2.2 wird die Korrelation in kartesischen, in Abschnitt 4.3.2.3 dagegen in Polarkoordinaten durchgeführt.

Voraussetzung für beide Verfahren ist, dass der Mittelpunkt näherungsweise bekannt und die Vergrößerung sowie der Durchmesser der Hülsen vergleichbar sein
muss. Dies ist bei den verwendeten Aufnahmen der Fall. Dadurch reduziert sich
die Aufgabe im ersten Schritt auf die Bestimmung des Rotationswinkels ϕ. Anschließend können die anderen Parameter der *Helmert-Transformation* genauer
bestimmt werden.

4.3.2.2 Korrelationskoeffizient in kartesischen Koordinaten

Die gängige Methode die Korrelation auf Bilder anzuwenden besteht darin, den Kreuzkorrelationskoeffizienten für unterschiedliche Verschiebungen zu berechnen. Eine Rotation ist nicht vorgesehen. Eine Möglichkeit die Rotation einzubeziehen, besteht darin, eines der Bilder jeweils unter Interpolation der Bildwerte um den Winkel $\Delta\phi$ zu drehen und das gedrehte Bild mit dem nicht gedrehten anderen Bild bei kleinen Verschiebungen zu korrelieren. Wird dies systematisch $\frac{2\pi}{\Delta\phi}$-mal durchgeführt und das Maximum des Korrelationskoeffizienten für alle Verschiebungen und Drehwinkel bestimmt, so erhält man die Rotation und Translation mit der maximalen Ähnlichkeit der Bilder. Der Korrelationskoeffizient ist das Maß der Übereinstimmung und ermöglicht den Vergleich der Übereinstimmung mit unterschiedlichen Hülsen. Dieses Verfahren wurde von [Puerte León 1999] für den „dreidimensionalen" Vergleich von Schlagbolzeneindrücken verwendet.

Durch die Art der Beleuchtung bzw. Vorverarbeitung werden schräge Flächen stark hervorgehoben. Dies gilt insbesondere für die Fase des Hülsenrandes, die Rille um das Zündhütchen, den Schlagbolzeneindruck und den Bodenstempel, zu sehen in Bild 4.26.

Je nach Ausführung der Herstellerprägung sind die Flanken der Buchstaben sehr schmal und steil oder die Buchstaben sind nur flach eingeprägt. Daraus resultiert eine Unterbewertung der Zeichen des Bodenstempels in der Korrelation gegenüber dem Schlagbolzeneindruck, der Rille und der Fase. Durch Maskierung des Hülsenrandes und des Zündhütchens kann dies verhindert werden. Der Kreuzkorrelationskoeffizient $k_{12}(\phi, t_x, t_y)$ wird nun unter Anwendung der Gleichung (2.59) bestimmt.

Durch Verkleinerung der verwendeten Bilder ergibt sich ein beträchtlicher Rechenzeitvorteil bei der näherungsweisen Bestimmung des Rotationswinkels. Die Feinbestimmung der Parameter der Transformation kann bei voller Bildgröße durchgeführt werden.

Die einzelnen Verarbeitungsschritte sind in Bild 4.27 beispielhaft dargestellt. Mit Hilfe dieser Vorgehensweise lassen sich der Rotationswinkel ϕ sowie kleine Verschiebungen t_x und t_y für die gesuchte Transformation zwischen den beiden Bildern mit überschaubarem Rechenaufwand bestimmen. Der Wert des Kreuzkorrelationskoeffizienten an der Stelle des Maximums wird als Maß für die Übereinstimmung der beiden Bodenstempel verwendet.

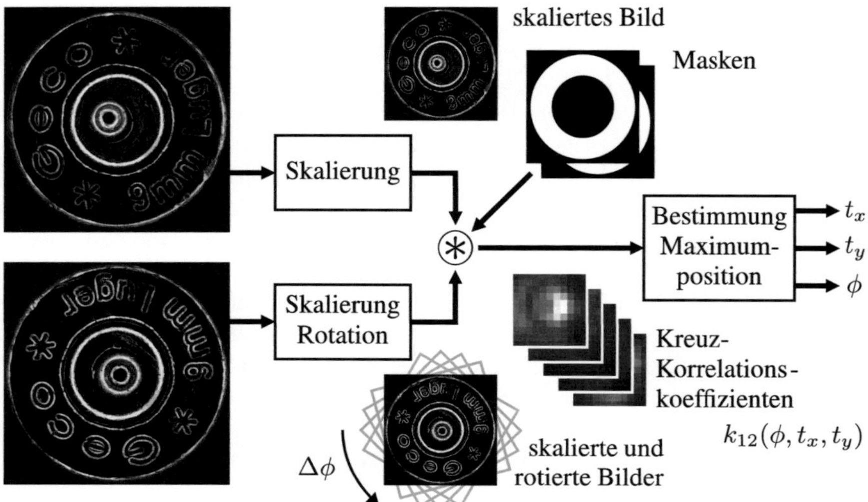

Bild 4.27: Korrelation des Bodenstempels in kartesischen Koordinaten

4.3.2.3 Korrelationskoeffizient in Polarkoordinaten

Wie im vorigen Abschnitt beschrieben, unterstützt die Korrelation nicht direkt die Bestimmung der Verdrehung von Bildern zueinander. Im vorliegenden Anwendungsfall, bei hinreichend genau bekannten Skalierungen und Drehpunkten, kann mit Hilfe der Transformation der Bilder in Polarkoordinaten die Korrelation zur direkten Bestimmung der Verdrehung verwendet werden. Dieses Verfahren wurde in [Puente León 1999] für den eindimensionalen Vergleich von Schlagbolzeneindrücken verwendet.

In [Puente León 1999] wird vorgeschlagen, zusätzlich zur Standardisierung mit Mittelwert und Standardabweichung eine Gewichtung der Bildbereiche mit dem Radius einzuführen, um dessen Einfluss bei der Korrelation in Polarkoordinatentransformation gegenüber dem Vergleich in kartesischen Koordinaten aufzuheben. Die Bildwerte in Polarkoordinaten ergeben sich somit zu

$$g_{\mathrm{st}}(\phi, \vartheta) = \frac{\vartheta g(\phi, \vartheta) - \overline{\vartheta g(\phi, \vartheta)}}{s(\vartheta g(\phi, \vartheta))} \quad , \tag{4.31}$$

mit dem Drehwinkel ϕ und der Radiuskoordinate ϑ. Da in ϕ-Richtung die Korrelation für alle Verschiebungen und zudem in Winkelrichtung zyklisch fortgesetzt berechnet werden muss, bietet sich die effiziente Implementierung im Frequenzbereich, entsprechend Abschnitt 2.2.2, an [Puente León 1999].

Wie in Abschnitt 2.2.2 vorgestellt, interessiert nur der Bereich des Bildes, in dem sich der Bodenstempel befindet. Die konzentrische Maskierung der außerhalb liegenden Bereiche entspricht in Polarkoordinaten einem beidseitigen Beschneiden des Bildes in ϑ-Richtung. In radialer Richtung ist die implizite Zyklizität der Korrelation im Frequenzbereich unerwünscht. Sie wird, wie in Abschnitt 2.2.2 beschrieben, durch Vergrößern des Bildes auf mindestens die doppelte Radiengröße und Auffüllen des Bereichs mit dem Bildmittelwert 0 in eine nicht-zyklische Korrelation in ϑ-Richtung umgewandelt.

Die beschriebene Vorgehensweise ist in Bild 4.28 dargestellt. Ist die Verdrehung der Bilder zueinander mit Hilfe dieses Verfahrens näherungsweise bestimmt, so kann eine genauere Berechnung der Skalierung, des Drehmittelpunkts und der Verdrehung in kartesischen Koordinaten durchgeführt werden. Wie im letzten Abschnitt wird der Wert des Kreuzkorrelationskoeffizienten an der Stelle des Maximums als Maß für die Übereinstimmung der beiden Bodenstempel verwendet.

4.4 Kombination der Kreis- und Bodenstempelsegmentierung

Die Ergebnisse der Segmentierung rotationssymmetrischer Bildbestandteile und der Segmentierung des Bodenstempels können anschließend zu einer Gesamtsegmentierung kombiniert werden.

Dazu werden die Bereiche außerhalb des inneren Hülsenrandkreises zwischen dem inneren und äußeren Zündhütchenkreises sowie innerhalb der Kreise des Schlagbolzeneindrucks maskiert. Anschließend kann diese Maske mit dem Ergebnis der Segmentierung des Bodenstempels zusammengeführt werden, siehe Bild 4.29.

Die Gesamtsegmentierung kann damit bei der weiteren Auswertung der Stoßbodenspuren berücksichtigt werden.

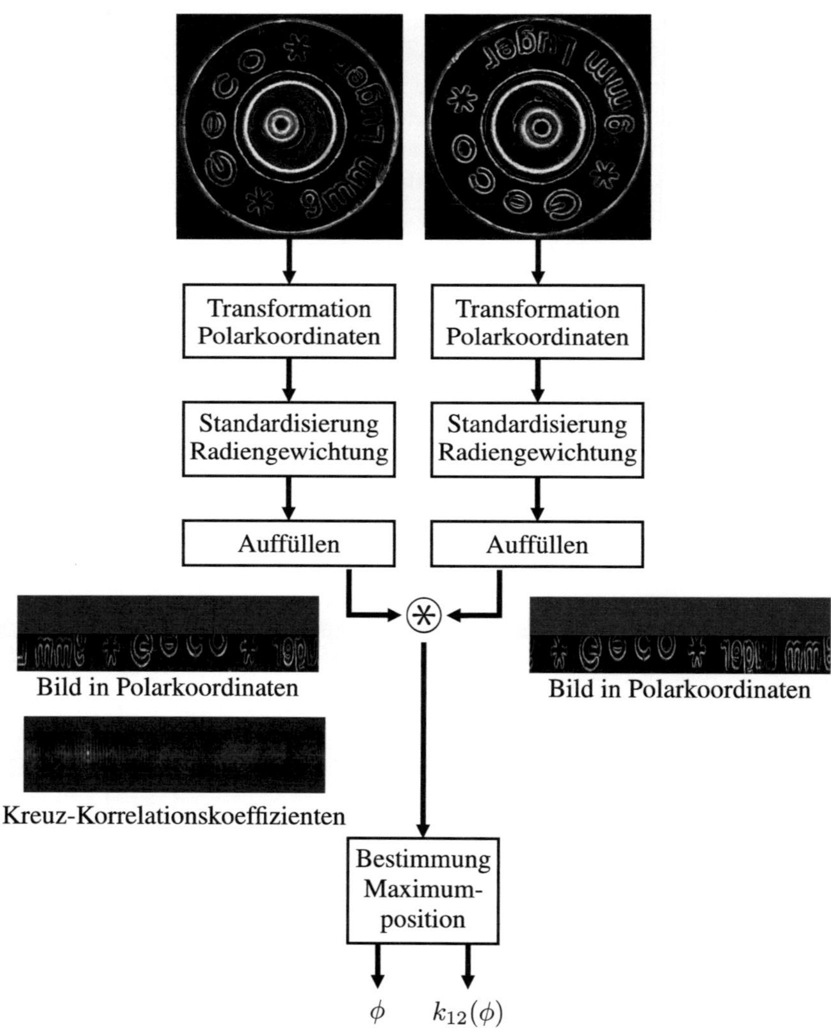

$$\phi \qquad k_{12}(\phi)$$

Bild 4.28: Korrelation des Bodenstempels in Polarkoordinaten

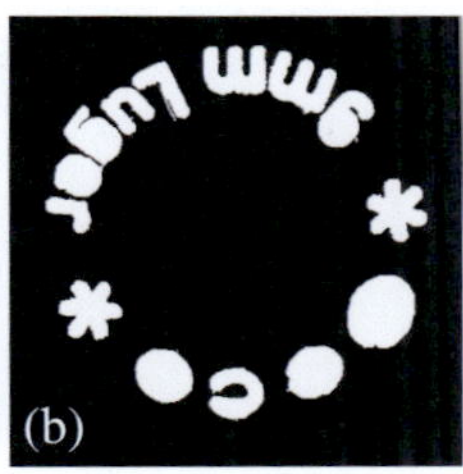

Bild 4.29: Kombination der Kreis- und Bodenstempelsegmentierung. (a) Ausgangsbild mit klassifizierten Kreisen, (b) Segmentierung des Bodenstempels, (c) Ergebnis der Kombination.

5 Merkmalsextraktion und Vergleich

Das folgende Kapitel stellt Merkmale sowie darauf basierende Ähnlichkeitsmaße vor, auf deren Grundlage ein Vergleich der Spuren auf Patronenhülsen realisiert werden kann. Des Weiteren erläutert es die Notwendigkeit einer präzisen Segmentierung, wie sie im letzten Kapitel vorgestellt wurde. Eine umfangreiche Auswertung wurde im Rahmen dieser Arbeit nicht vorgenommen.

Zunächst wird ein einfaches Modell der Spuren auf dem Boden von Patronenhülsen vorgestellt.

5.1 Modell der Spurenentstehung

Zur Vertiefung des Verständnisses für die Entstehung der Spuren auf dem Boden einer abgefeuerten Patronenhülse ist in Bild 5.1 ein Modell der Überlagerung der Spuren der Herstellung der Patronenhülse und der auf dem Boden abgeprägten Spuren der Waffe gegeben.

Oben auf der rechten Seite der Grafik ist der Boden der Hülse vor dem Beschießen zu sehen. Das Zündhütchen ist noch unversehrt. Darunter sind in der Maske der Hülsenkontaktfläche die Bereiche des Hülsenbodens weiß markiert. Diese Stellen sind eben und können somit Kontakt zur Waffe haben. Oben auf der linken Seite sind schematisch Spuren der Herstellung des Stoßbodens der Waffe gezeigt. Beispielhaft sind konzentrische Drehriefen, gekrümmte Riefen eines Fräsprozesses sowie gerade Riefen z. B. eines Räumprozesses angegeben. Darunter ist als Maskierung die Fläche des Stoßbodens zu sehen. In der Mitte ist der Bereich des Schlagbolzens ausgespart. Die beiden Maskierungen werden multipliziert und ergeben die Bereiche des Hülsenbodens, die Spuren des Stoßbodens enthalten können. Idealerweise sieht so das Ergebnis der im vorigen Kapitel vorgestellten Segmentierungsverfahren aus. Diese Maskierung kann nun mit den Spuren der Herstellung des Stoßbodens sowie der Hülse kombiniert werden. Als letzter Schritt werden die Spuren unter Berücksichtigung der Maskierung überlagert. Die tatsächliche Überlagerung der Spuren ist ein komplexer Umformprozess, bei dem ein Teil der Spuren des Stoßbodens durch plastische Verformung des Hülsenbodens übertragen wird. Dieser Vorgang ist hier vereinfacht als Addition modelliert.

Zusätzlich zu den Spuren des Stoßbodens werden die Form und die Feinstruktur des Schlagbolzens auf dem Zündhütchen abgeprägt. Da die Verformung hier sehr groß ist, spielen die Spuren der Herstellung des Zündhütchens eine untergeordnete Rolle. Ähnliches gilt für die Entstehung der Auswerferspur. Auch hier ist die Energie des Aufpralls groß genug, um die Feinstruktur der Herstellung des Hülsenbodens weitgehend zu zerstören. Die Bereiche des Bodenstempels sind jedoch in der Regel tief genug, um die Auswerferspur zu unterbrechen, siehe Bild 5.2.

Ziel ist es, trotz der Überlagerung der Spuren, die Extraktion von Merkmalen und den Vergleich so zu gestalten, dass die Spuren der Herstellung der Hülse keinen Einfluss auf das Vergleichsergebnis haben. Im Folgenden werden Merkmale und Ähnlichkeitsmaße für den Vergleich vorgestellt.

5.2　Vergleich mittels Korrelation

Die vorliegende Vergleichsaufgabe besteht darin, ein Maß für die Übereinstimmung der Spuren auf zwei Patronenhülsen anzugeben. Dabei soll, vergleichbar mit der musterbasierten Segmentierungsaufgabe aus Abschnitt 4.3.2, die Aufnahme des Bodens einer Hülse an der einer anderen Hülse so ausgerichtet werden, dass ein Ähnlichkeitsmaß maximal wird. Die translatorische Position sowie die Skalierung der beiden Bilder stimmt bereits näherungsweise überein. Daher muss in der Hauptsache die Rotation zwischen den Bildern bestimmt werden.

Der Kreuzkorrelationskoeffizient eignet sich sehr gut als Ähnlichkeitsmaß für diese Aufgabe. Er ist ein einfach zu interpretierendes Maß für die Ähnlichkeit und gleicht globale additive und multiplikative Unterschiede der Bildwerte aus.

Bei der musterbasierten Segmentierungsaufgabe wird aufgrund der höheren Berechnungsgeschwindigkeit die Variante in Polarkoordinaten und der Berechnung des Korrelationskoeffizienten im Frequenzbereich bevorzugt. Dies ist hier nicht möglich, da beim Vergleich die Information aus der Segmentierung berücksichtigt werden muss.

Somit findet die Gleichung 2.59 zur Berechnung des Kreuzkorrelationskoeffizienten unter Berücksichtigung einer Maskierung Anwendung. Die Bilder 5.4 (a) und (b) zeigen zwei mittels Varianz im Beleuchtungsraum, siehe Abschnitt 3.2.4, fusionierte Beleuchtungsserien sowie deren Segmentierung. Diese werden korreliert. Das Diagramm in Bild 5.3 zeigt den Verlauf des Korrelationskoeffizienten über dem Rotationswinkel.

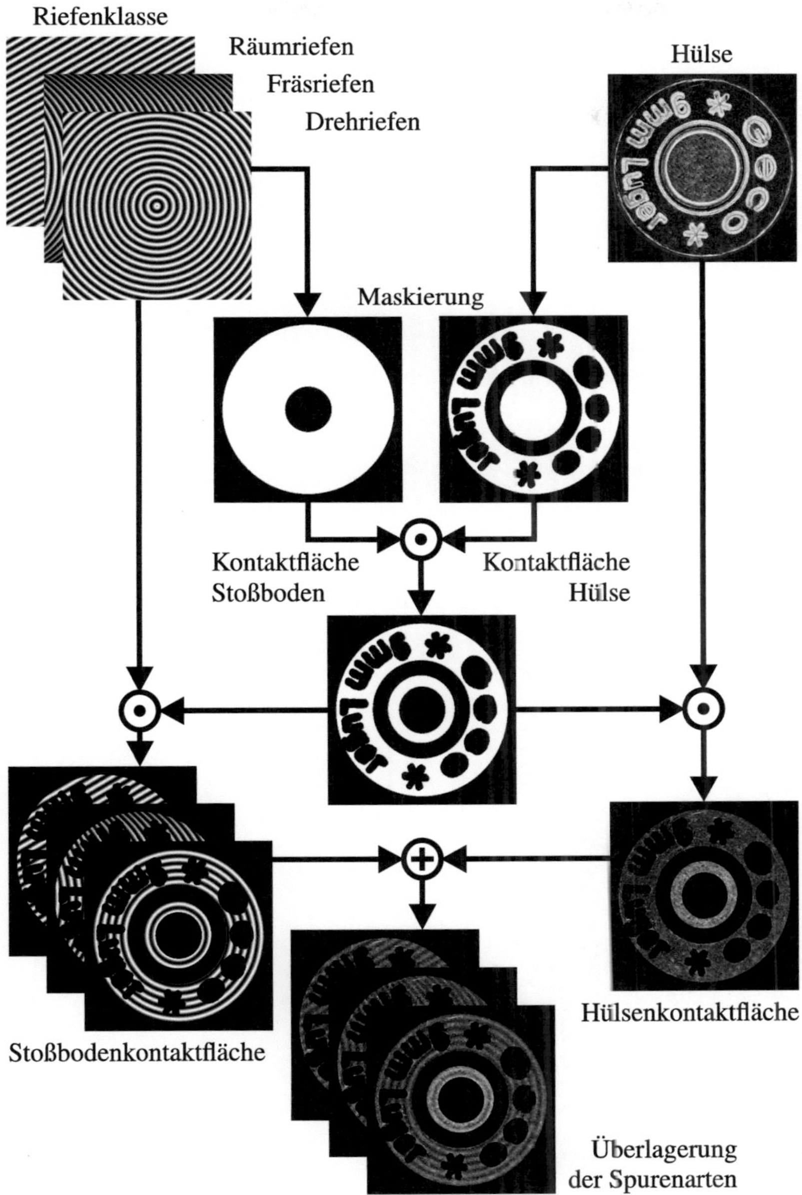

Bild 5.1: Modell der Spurenentstehung. Überlagerung der Spuren der Hülsenherstellung mit den Waffenspuren.

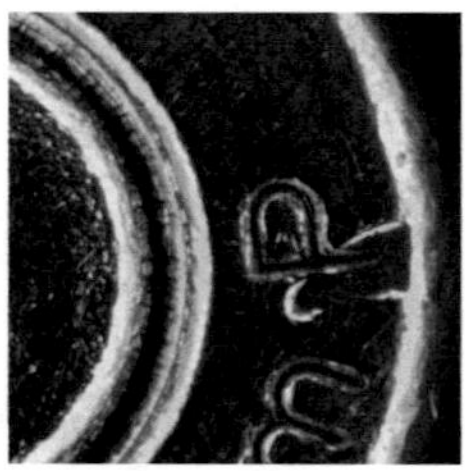

Bild 5.2: Überlagerung des Bodenstempels und der Auswerferspur auf der rechten Seite im Buchstaben „P".

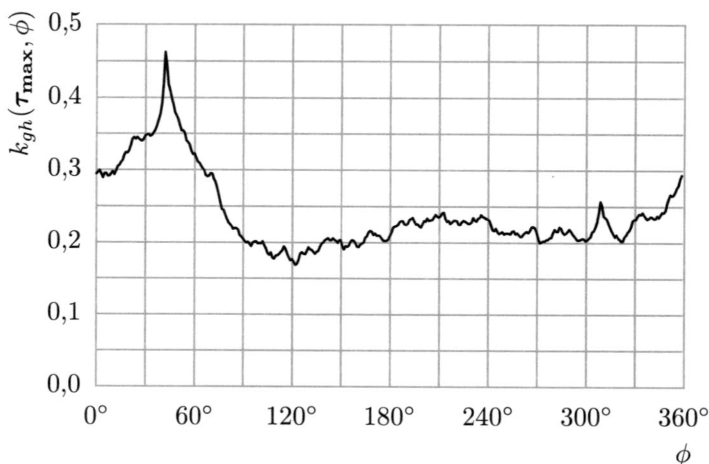

Bild 5.3: Verlauf des Kreuzkorrelationskoeffizienten über dem Rotationswinkel ϕ.

Der maximale Korrelationskoeffizient von 0,46 wird bei einem Winkel von 42°
erreicht. Der Korrelationskoeffizient bei nicht passenden Winkeln sinkt deutlich
auf einen etwa halb so großen Wert ab. Bild 5.4(c) zeigt die beiden aneinander
ausgerichteten Bilder. Die Hülsen konnten korrekt ausgerichtet werden.

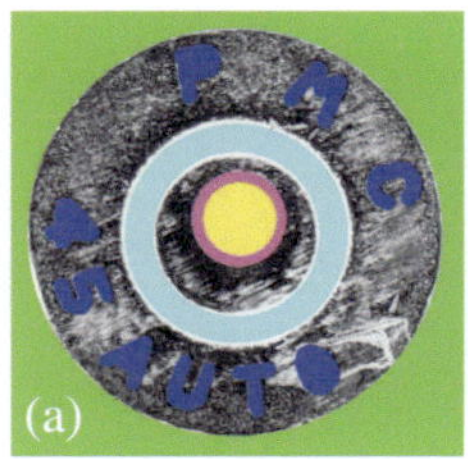 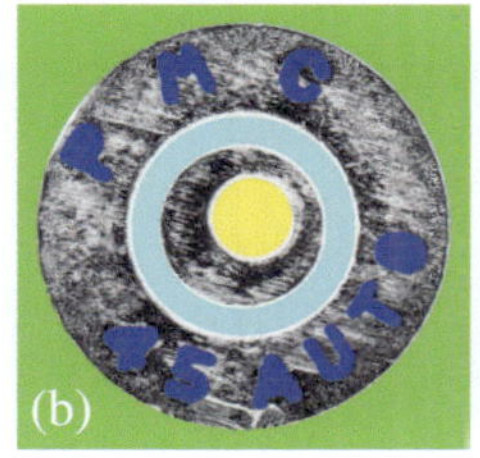 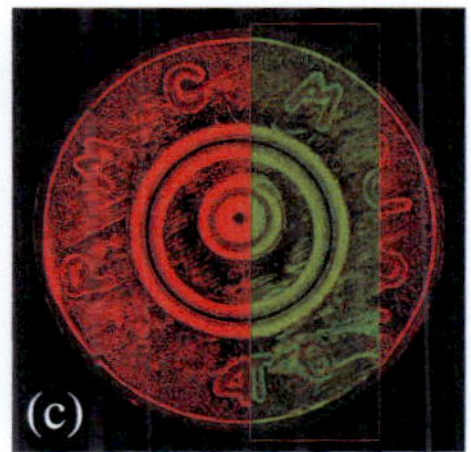

Bild 5.4: Korrelationsergebnis zweier Patronenhülsen (a) und (b) aus einer Waffe.
(c) Korrekt ausgerichtete Hülsen

Ursache für den niedrigen Korrelationskoeffizienten ist die Tatsache, dass häufig nur kleine Bereiche des Hülsenbodens Stoßbodenspuren, die sich deutlich genug von den Spuren der Hülsenherstellung abheben, aufweisen. Durch den kleinen Flächenanteil sinkt der Korrelationskoeffizient. Des Weiteren prägen sich die
Stoßbodenspuren in der Regel nicht genau gleich auf dem Hülsenboden ab. Durch
Verkanten der Hülse im Verschluss sowie durch Unterschiede in der Treibladung
und der Härte des Hülsenmaterials kann es zu sehr unterschiedlichen Ausprägun-
gen der Spuren kommen. Durch die feinen Strukturen der Spuren reichen zudem
kleine Verdrehungen und Verschiebungen aus, um den Korrelationskoeffizienten
deutlich zu verkleinern.

Daher wird eine Möglichkeit gesucht, die interessierenden riefenhaften Strukturen
der Stoßbodenspuren zu verstärken und ungerichtete Strukturen zu unterdrücken.

5.2.1 Lokaler Strukturtensor

Zur Beurteilung gerichteter Strukturen wurde der so genannte Strukturtensor entwickelt. Er ermöglicht die Beurteilung einfacher Nachbarschaften hinsichtlich der
Orientierung und Ausprägung von gerichteten Strukturen. In [Jähne 2002] wird
der Strukturtensor hergeleitet.

Die Komponenten T_{pq} des Tensors $\mathbf{T}$ an der Stelle $\mathbf{x}$ lauten

$$T_{pq}(\mathbf{x}) = \int_{-\infty}^{\infty} \omega(\mathbf{x} - \mathbf{x}')(\frac{\partial \mathbf{g}(\mathbf{x}')}{\partial x'_p} \frac{\partial \mathbf{g}(\mathbf{x}')}{\partial x'_q}) d^2\mathbf{x}' \quad , \tag{5.1}$$

mit den Punkten $\mathbf{x}'$ in der Umgebung von $\mathbf{x}$, den partiellen Ableitungen $\frac{\partial \mathbf{g}(\mathbf{x}')}{\partial x'_p}$ und $\frac{\partial \mathbf{g}(\mathbf{x}')}{\partial x'_q}$ des Bildes $\mathbf{g}$ in p- und q-Richtung sowie der Gewichtsfunktion $\omega(\mathbf{x} - \mathbf{x}')$. Das Integral zusammen mit der Gewichtsfunktion realisiert eine gewichtete Mittelung über die lokale Umgebung der Koordinate $\mathbf{x}$.

Aus den Komponenten des Strukturtensors lässt sich der sogenannte Orientierungsoperator

$$\mathbf{o} = \begin{bmatrix} T_{22} - T_{11} \\ 2T_{12} \end{bmatrix} \tag{5.2}$$

bestimmen. Daraus lassen sich verschiedene Kennwerte zur Beurteilung der lokalen Struktur ableiten. Erstens kann der Betrag $b(\mathbf{x})$ des Orientierungsoperators berechnet werden:

$$b(\mathbf{x}) = \sqrt{(T_{22} - T_{11})^2 + (2T_{12})^2} \quad . \tag{5.3}$$

Je größer der Betrag, desto größer sind die Gradienten der lokalen Struktur. Als zweiter Kennwert wird die Orientierung $\chi(\mathbf{x})$ des Vektors und somit die Ausrichtung der lokalen Struktur angegeben:

$$\tan(2\chi(\mathbf{x})) = \frac{2T_{12}}{T_{22} - T_{11}} \quad . \tag{5.4}$$

Die Orientierung hat die Periode π. Dies ist auch gewünscht, denn z. B. bei mehreren parallelen Kanten im Bild soll es gerade keine Rolle spielen, dass der Gradient auf der einen Seite der Kanten in die eine und auf der anderen Seite in die entgegengesetzte Richtung zeigt [Jähne 2002].

Ein weiterer Kennwert wird aus den Eigenwerten des Strukturtensors λ_1 und λ_2 berechnet. Die sogenannte Kohärenz $c_c(\mathbf{x})$ bestimmt sich zu

$$c_c(\mathbf{x}) = \frac{\lambda_1 - \lambda_2}{\lambda_1 + \lambda_2} = \frac{\sqrt{(T_{22} - T_{11})^2 + (2T_{12})^2}}{T_{11} + T_{22}} \quad . \tag{5.5}$$

Die Kohärenz setzt die Eigenwerte des Tensors λ_1 und λ_2 ins Verhältnis und lässt sich auch direkt aus den Komponenten des Tensors berechnen. Ist der erste Eigenwert sehr viel größer als der zweite, so liegt eine klare Ausrichtung in eine Richtung vor und die Kohärenz nimmt einen Wert nahe 1 an. Sind beide Eigenwerte etwa gleich groß, so tendiert die Kohärenz Richtung 0. Dies entspricht einer nicht eindeutigen Ausrichtung der lokalen Umgebung, d. h. einer Gleichverteilung aller Richtungen [Jähne 2002].

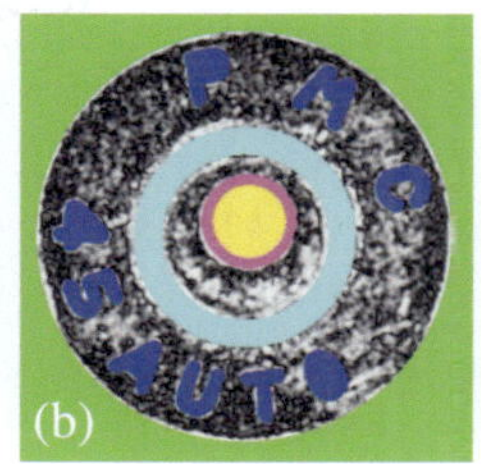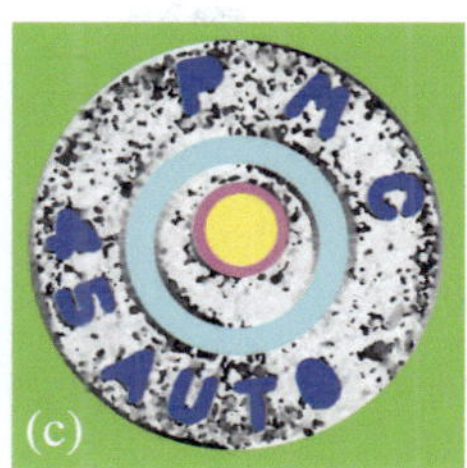

Bild 5.5: Komponenten des Strukturtensors am Beispiel eines Patronenbodens. (a) Betrag, (b) Kohärenz und (c) Orientierung.

Mit Hilfe dieser drei Kennwerte lassen sich gerichtete Strukturen, wie sie bei den Stoßbodenspuren zu erwarten sind, sinnvoll beschreiben. Der Betrag des Orientierungsoperators gibt die Stärke der Riefen an, siehe Bild 5.5 (a). Die Kohärenz macht die Unterscheidung gerichteter, riefenhafter Strukturen von ungerichteten Strukturen möglich, siehe Bild 5.5 (b). Die Orientierung gibt die Ausrichtung der Spuren an, siehe Bild 5.5 (c). Es muss daher ein Maß zum Vergleich zweier derartiger Merkmalsbilder mit den drei Komponenten gefunden werden.

5.2.2 Korrelation mit Hilfe des lokalen Strukturtensors

Für den Vergleich der Merkmalsbilder des lokalen Strukturtensors lässt sich die Korrelation verwenden. Dazu wird der Kreuzkorrelationskoeffizient aus Gleichung (2.59) in Abschnitt 2.2.1 auf den Betrag

$$k_b(\boldsymbol{\tau}) = \frac{\left(\sum\limits_{\mathbf{x}} m(\mathbf{x}, \boldsymbol{\tau}) \cdot (b_1(\mathbf{x} - \boldsymbol{\tau}) b_2(\mathbf{x}) - N(\boldsymbol{\tau}) \cdot \overline{b}_1(\boldsymbol{\tau}) \cdot \overline{b}_2(\boldsymbol{\tau}))\right)}{(N(\boldsymbol{\tau}) - 1) \cdot s(b_1, \boldsymbol{\tau}) \cdot s(b_2, \boldsymbol{\tau})} \tag{5.6}$$

und die Kohärenz

$$k_{c_c}(\boldsymbol{\tau}) = \frac{\left(\sum\limits_{\mathbf{x}} m(\mathbf{x}, \boldsymbol{\tau}) \cdot (c_{c_1}(\mathbf{x} - \boldsymbol{\tau}) c_{c_2}(\mathbf{x}) - N(\boldsymbol{\tau}) \cdot \overline{c}_{c_1}(\boldsymbol{\tau}) \cdot \overline{c}_{c_2}(\boldsymbol{\tau}))\right)}{(N(\boldsymbol{\tau}) - 1) \cdot s(c_{c_1}, \boldsymbol{\tau}) \cdot s(c_{c_2}, \boldsymbol{\tau})} \tag{5.7}$$

angewandt. Für die Orientierung lässt sich ein vergleichbares Maß definieren:

$$k_\chi(\boldsymbol{\tau}) = \frac{1}{N(\boldsymbol{\tau}) - 1} \left(\sum\limits_{\mathbf{x}} m(\mathbf{x}, \boldsymbol{\tau}) \cdot |\cos(\chi_1(\mathbf{x}) - \chi_2(\mathbf{x} - \boldsymbol{\tau}))|\right) \quad . \tag{5.8}$$

Es bewertet, über den Betrag des Kosinus, den Winkel zwischen den beiden lokalen Orientierungen mit Werten zwischen 0 und 1. 1 steht für genau gleiche oder um 180° gedrehte Winkel, 0 wird das Kriterium für senkrecht aufeinander stehende Orientierungen. Ein vergleichbares Maß wurde in [Zhou u. a. 2001a] für den Vergleich der Orientierungen der Spuren auf Basis des Gradienten vorgestellt.

Bei allen drei Korrelationsmaßen wird die Maskierung $m(\mathbf{x}, \boldsymbol{\tau})$ aus der Kombination der Segmentierungsergebnisse von Abschnitt 4.4 berücksichtigt. Die Korrelationsmaße lassen sich durch Multiplikation zu einem Gesamtmaß zusammenfassen

$$k_{ST}(\boldsymbol{\tau}) = k_b(\boldsymbol{\tau}) \cdot k_{c_c}(\boldsymbol{\tau}) \cdot k_\chi(\boldsymbol{\tau}) \quad . \tag{5.9}$$

Für den Vergleich der Stoßbodenspuren müssen die Bilder entsprechend der Beschreibung in Abschnitt 4.3.2 gedreht werden. Dies ist mit Betrags- und Kohärenzbild ohne Weiteres möglich. Beim Drehen des Orientierungsbildes muss beachtet werden, dass der Drehwinkel auf die Werte des Orientierungsbildes addiert wird. Dadurch wird sichergestellt, dass das Ergebnis dem entspricht, was bei Drehen des Varianzbildes und anschließender Berechnung der Merkmale des Strukturtensors berechnet würde.

Das Diagramm in Bild 5.6 zeigt wieder den Verlauf des Korrelationskoeffizienten über dem Rotationswinkel.

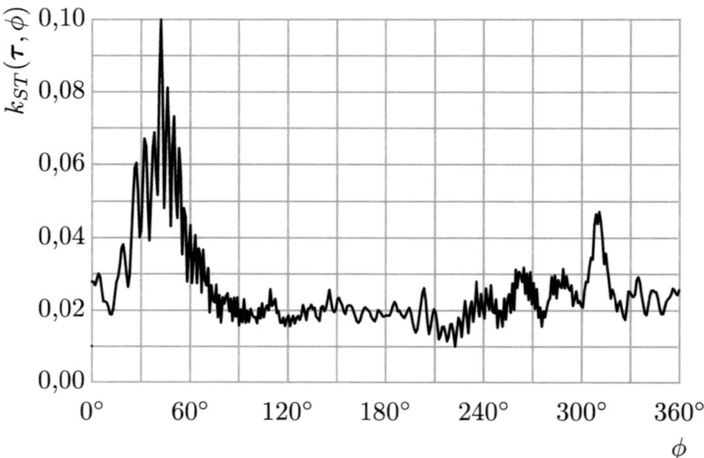

Bild 5.6: Verlauf des Kreuzkorrelationskoeffizienten des Strukturtensors über dem Rotationswinkel ϕ.

Der maximale Korrelationskoeffizient von 0,102 wird bei einem Winkel von 42°

erreicht. Bild 5.7(c) zeigt die beiden aneinander ausgerichteten Bilder. Die Hülsen konnten wieder korrekt aneinander ausgerichtet werden. Der nochmals kleinere Korrelationskoeffizient kommt durch die Multiplikation der Einzelwerte zustande.

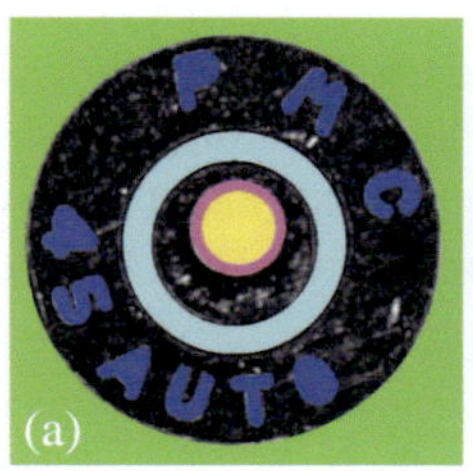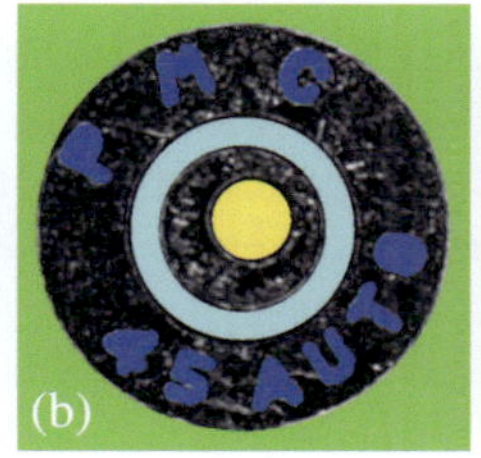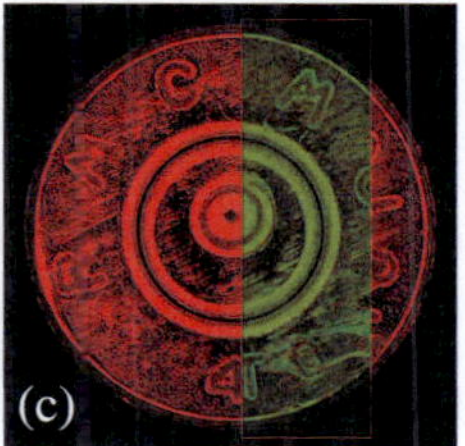

Bild 5.7: Korrelationsergebnis zweier Patronenhülsen (a) und (b) aus einer Waffe. (c) Korrekt ausgerichtete Hülsen.

Alternativ zur Multiplikation der Korrelationskoeffizienten der einzelnen Merkmale kann die Fusion auch zuvor erfolgen. Dazu werden die Maße vor der Summation multipliziert und erst dann gemeinsam aufsummiert. Dies lässt sich als Korrelation eines Merkmalsvektors verstehen. Es stärkt den örtlichen Zusammenhang der Merkmale und begrenzt z. B. den Einfluss einer niedrigen Ähnlichkeit bei der Orientierung bei gleichzeitig niedriger Kohärenz- oder Betragsübereinstimmung an einer Stelle x auf das Gesamtergebnis.

Die Berechnung der Korrelation im Ortsbereich ist sehr zeitaufwendig. Daher ist es wünschenswert, zum einen die notwendige Anzahl Verschiebungen und Verdrehungen zu reduzieren, zum anderen kann versucht werden, aufgrund weiterer Merkmale in Frage kommende Patronenhülsen weiter einzuschränken. Im nächsten Abschnitt werden einige Merkmale und Ansätze vorgestellt.

5.3 Merkmale für die Einschränkung des Suchbereichs

Sind Informationen vorhanden, mit denen zwei Hülsen rotatorisch aneinander ausgerichtet werden können, so genügt es, in der Umgebung dieser vorab bekannten Ausrichtung zu korrelieren.

Beim IBIS-System wird dies so gelöst, dass der Kriminaltechniker die Hülse so ausrichtet, wie sie vermutlich beim Verschießen in der Waffe lag [Geradts 2002]. Eine weitere Möglichkeit besteht darin, die Position des Auswerfers – soweit vorhanden – als Referenz für das Ausrichten der Bilder zu verwenden, wie es in [Zhou

u. a. 2001b] durchgeführt wurde. Des Weiteren eignet sich die Position des Schlagbolzeneindrucks, unter der Voraussetzung, dass dieser exzentrisch liegt, für diese Aufgabe [Li 2003].

Eine weitere Möglichkeit besteht darin, die globale Ausrichtung der Stoßbodenspuren zu messen. Liegen gerade Riefen z. B. eines Räumprozesses vor, so kann durch die Mittelung des Strukturtensors über alle nicht maskierten Bildpunkte eine Gesamtausrichtung der Stoßbodenspuren auf dem Hülsenboden bestimmt werden. Gleichung (5.1) ändert sich durch Verwendung der Maskierung $m(\mathbf{x})$ statt der Gewichtung sowie die globale Berechnung in

$$T_{\text{global}_{pq}} = \int\limits_{-\infty}^{\infty} m(\mathbf{x})\left(\frac{\partial \mathbf{g}(\mathbf{x})}{\partial x_p}\frac{\partial \mathbf{g}(\mathbf{x})}{\partial x_q}\right)d^2\mathbf{x} \quad . \tag{5.10}$$

Der Vergleich kann bei ausgeprägten Spuren auf zwei um $180°$ zueinander gedrehte Winkelbereiche eingeschränkt werden. In Bild 5.8 sind auf einem Hülsenboden die genannten Merkmale markiert.

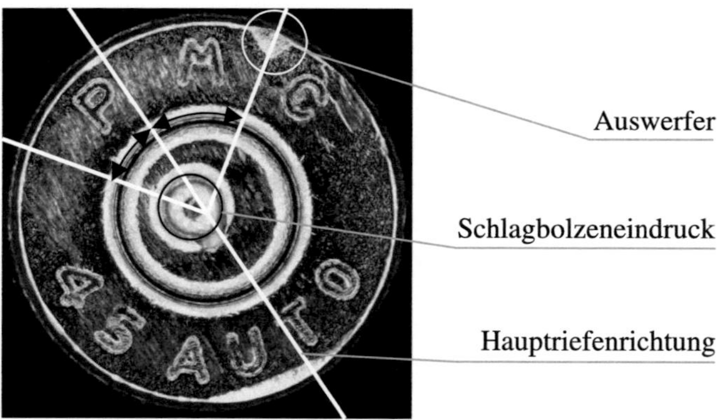

Bild 5.8: Patronenhülse mit geraden Stoßbodenspuren. Die Merkmale für die Einschränkung des Suchraums sowie die zugehörenden Winkel sind eingezeichnet.

5.4 Merkmale für die Vorsortierung von Patronenhülsen

Neben der Einschränkung des Suchbereichs, besteht auch die Möglichkeit Hülsen vom korrelativen Vergleich auszuschließen, die aufgrund z. B. geometrischer

Merkmale nicht aus der gleichen Waffe wie die untersuchte Hülse stammen können.

Zu den dafür geeigneten Merkmalen zählt der Hülsendurchmesser. Hülsen unterschiedlichen Durchmessers können nicht aus einer Waffe abgefeuert werden. Der Durchmesser wird bereits bei der Segmentierung rotationssymmetrischer Bildbestandteile in Abschnitt 4.2 bestimmt und mit den Verfahren aus Abschnitt 4.2.7.1 klassifiziert.

Sind mehrere der im letzten Abschnitt beschriebenen Merkmale vorhanden, so können die Winkel zwischen diesen als Merkmal verwendet werden. So kann die Lage des Schlagbolzeneindrucks gegenüber der Auswerferspur oder der Hauptrichtung der Stoßbodenspuren bewertet werden.

Neben dem Winkel, unter dem die Auswerferspur und der Schlagbolzeneindruck auftreten, ist der Abstand zum Mittelpunkt des Hülsenrandes von Interesse.

Die Form der Auswerferspur als auch des Schlagbolzeneindrucks kann beurteilt werden. Sind dreidimensionale Daten des Hülsenbodens verfügbar, so kann die Form und Feinstruktur des Schlagbolzens untersucht werden, wie in [Senin u. a. 2006] vorgestellt.

Neben der Bestimmung der Vorzugsrichtung der Riefen mit Hilfe des global berechneten Strukturtensors mit Hilfe von Gleichung (5.10) kann der globale Strukturtensor ebenfalls in Polarkoordinaten berechnet werden. Dadurch kann das Vorhandensein konzentrischer Riefen eines Drehprozesses, siehe z. B. Bild 5.9(a), bewertet werden.

Mit Hilfe dieser Merkmale sollte eine schnelle Einschränkung des aufwendigen, korrelativen Vergleichs auf relevante Patronenhülsen möglich sein.

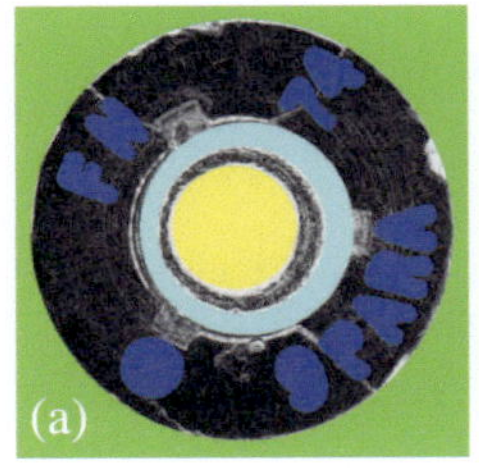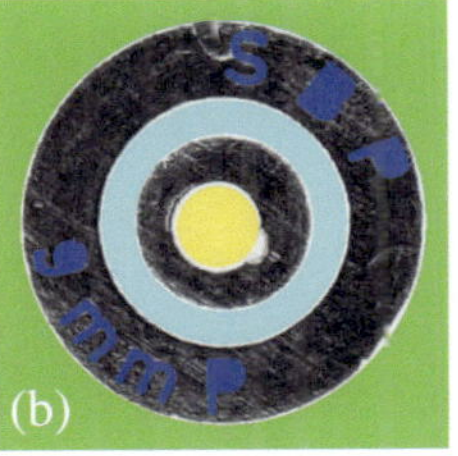

Bild 5.9: (a) Segmentierte Patronenhülsen mit konzentrischen und (b) geraden Stoßbodenspuren.

6 Ergebnisse

In diesem Kapitel werden die Ergebnisse der in Kapitel 4 beschriebenen Verfahren vorgestellt und interpretiert. Das Kapitel ist in die Abschnitte zur Segmentierung rotationssymmetrischer Bildbestandteile mit Hilfe der Kreisschätzung und -klassifikation sowie zur Segmentierung des Bodenstempels gegliedert. Zunächst werden die Kriterien für die Bewertung der Verfahren erläutert.

6.1 Bewertung der Klassifikationsergebnisse

Erster Schritt für die Bewertung der Verfahren ist die Erzeugung von Referenzdaten. Die Referenzdaten werden auf Basis vorhandener Bilder und Kreise durch manuelle Klassifikation und Segmentierung bestimmt. Dieselben Ausgangsdaten werden anschließend mit Hilfe der Klassifikations- und Segmentierungsverfahren untersucht. Durch Vergleich der manuell bestimmten Referenzdaten mit den automatisch bestimmten Daten lassen sich Kennwerte ermitteln, mit denen die Beurteilung und Optimierung der Verfahren möglich wird.

Im Falle der Einteilung der Daten in zwei Klassen ergeben sich folgende Zuordnungen bei der Bewertung:

- **Richtig Positiv** (RP)

- **Falsch Positiv** (FP)

- **Richtig Negativ** (RN)

- **Falsch Negativ** (FN)

Die Entscheidung für eine der Klassen wird als „positive" Entscheidung definiert. Eine Entscheidung gegen diese Klasse somit als „negativ". Dadurch ergeben sich die Namen der Bewertungen. Wird der Datensatz bezogen auf die Referenzdaten richtig der ersten Klasse zugeordnet, so zählt die Entscheidung zur Anzahl der „richtig positiven". Wird ein Element der zweiten Klasse fälschlicherweise der ersten Klasse zugeordnet, so wird dies zu den „falsch positiven" gezählt. Wird ein

Datensatz korrekt der zweiten Klasse zugeordnet, zählt dies zur Anzahl der „richtig negativen" Entscheidungen. Wird ein Element der ersten Klasse der zweiten zugeordnet, so wird dies den „falsch negativen" zugerechnet.

Nach Überprüfung der Klassifikationsergebnisse mit Hilfe der Referenzdaten lassen sich die summierten Entscheidungen übersichtlich in einer Vierfeldertafel darstellen. Aus den absoluten Werten in der Vierfeldertafel lassen sich relative Kenn-

		tatsächliche Klasse	
		positiv	negativ
ermittelte Klasse	positiv	RP (richtig positiv)	FP (falsch positiv)
	negativ	FN (falsch negativ)	RN (richtig negativ)

Tabelle 6.1: Vierfeldertafel zur Darstellung der Bewertung der Klassifikationsergebnisse.

werte berechnen. In dieser Arbeit werden zwei Kennwerte verwendet. Zum einen die *Richtig-Positiv-Rate*

$$RPR = \frac{RP}{RP + FN} \quad , \tag{6.1}$$

zum anderen die *Falsch-Positiv-Rate*

$$FPR = \frac{FP}{FP + RN} \quad . \tag{6.2}$$

Sie geben die Wahrscheinlichkeiten an, dass ein Datensatz richtig positiv, bzw. falsch positiv zugeordnet wird.

Im Mehrklassenfall wird die Vierfeldertafel zu einer Wahrheitsmatrix, siehe Tabelle 6.2, erweitert. In die erste Zeile wird beispielsweise eingetragen wie oft Klasse

Ist	Soll		
	Klasse 1	Klasse 2	Klasse 3
Klasse 1	5	1	0
Klasse 2	0	6	1
Klasse 3	2	0	4

Tabelle 6.2: Beispiel für eine Wahrheitsmatrix.

1 gefunden wurde, aufgeschlüsselt nach der Spalte, die für die wahre Klasse steht. Es wurde also 5 mal die Klasse 1 richtig zugeordnet und einmal die Klasse 2 falsch

in die Klasse 1 eingeordnet. Durch Betrachtung einer Klasse gegenüber allen anderen erhält man wieder eine Vierfeldertafel und kann die relativen Kennwerte berechnen.

Der Matthews-Korrelations-Koeffizient (MKK) [Matthews 1975] ist ebenfalls für die Beurteilung der Klassifikationsergebnisse geeignet:

$$MKK = \frac{RP \cdot RN - FP \cdot FN}{\sqrt{(RP + FP) \cdot (RP + FN) \cdot (RN + FP) \cdot (RN + FN)}} \quad .$$

(6.3)

Dieser kann im Falle eines Zweiklassenproblems verwendet werden. Der MKK bewegt sich zwischen dem Wert 1 für die perfekte Vorhersage und -1 für die inverse Vorhersage. Ein MKK von 0 bedeutet im Durchschnitt eine Zufallsentscheidung.

6.2 Ergebnisse der Kreisschätzung und Kreisklassifikation

In diesem Abschnitt werden die Ergebnisse der in Abschnitt 4.2 vorgestellten Verfahren zur Segmentierung rotationssymmetrischer Bildbestandteile gezeigt.

Zur Prüfung der Verfahren steht eine Datenbank mit Aufnahmen von 200 Patronenhülsen unterschiedlicher Kaliber und Hülsenhersteller zur Verfügung. Für die Hintergrunddetektion und Referenzkreisbestimmung werden homogen beleuchtete Aufnahmen verwendet. Die Kreisdetektion und Kreisklassifikation basiert auf Spot-Beleuchtungsserien mit einem Elevationswinkel von 70°, die mit Hilfe des Verfahrens *Varianz im Beleuchtungsraum* aus Abschnitt 3.2.4 fusioniert wurden.

Die Segmentierung startet mit der Detektion des Hintergrundes und der Bestimmung des Referenzkreises.

6.2.1 Ergebnisse der Hintergrunddetektion

Entsprechend der Beschreibung in Abschnitt 4.2.1 wurden 20 homogen beleuchtete Aufnahmen von Hülsenböden der Größe von 1024 auf 1024 Bildpunkten dazu verwendet, die Support-Vektoren der SVM zu trainieren. Anschließend wurden mit Hilfe der Support-Vektoren die Parameter der Trenngerade bestimmt.

Zur Prüfung des Verfahrens wurde die Hintergrundklassifikation auf 180 Patronenhülsen bei konstanten Parametereinstellungen angewendet. Nach der Klassifikation mittels der Trenngeraden wurde die Nachverarbeitung durchgeführt. Als maximale Größe zu entfernender schwarzer Bildbereiche wurde die Fläche bzw. Anzahl von 10000 zusammenhängenden Bildpunkten gewählt. Die Kreisschätzung des Hülsenrandes als Referenzkreis wurde unter Verwendung der im Anhang A.1 beschriebenen Parameter durchgeführt.

In 194 Fällen wurde genau ein Kreis gefunden und dieser entsprach dem Hülsenrand. In sechs Fällen wurde mehr als ein Kreis gefunden. Es wurde z. B. die Rille um das Zündhütchen nicht komplett entfernt oder flache Bereiche um die Zeichen des Bodenstempels blieben erhalten. Die beiden Hülsen mit den ungünstigsten Ergebnissen sind in Bild 6.1 und 6.2 zu sehen. Dennoch wurde auch in diesen Fällen der Hülsenrand korrekt gefunden.

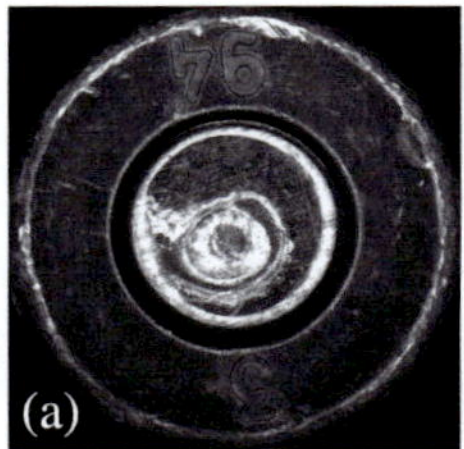

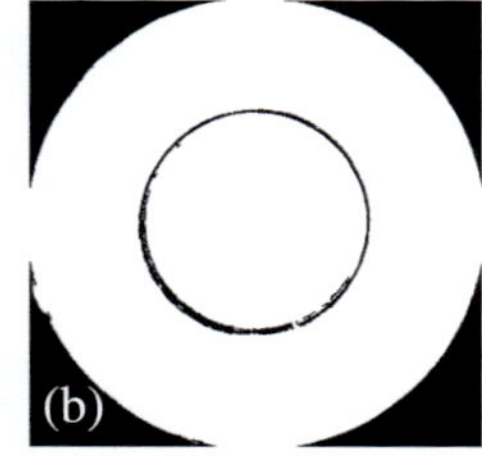

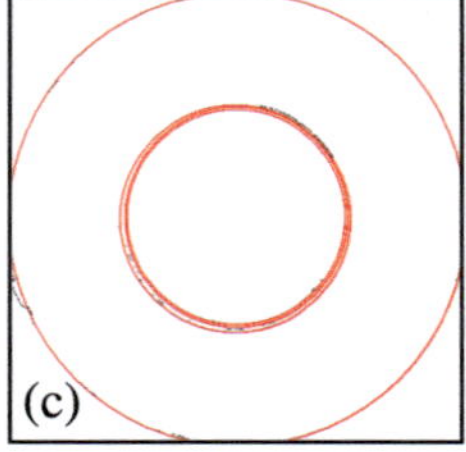

Bild 6.1: Detektion des Hülsenrandes. (a) Homogen beleuchtetes Eingangsbild; (b) Ergebnis der Hintergrunddetektion mittels SVM und Entfernung kleiner schwarzer Regionen; (c) Ergebnis der Kreisdetektion. Die Rille um das Zündhütchen konnte nicht entfernt werden, der Hülsenrand wurde jedoch korrekt gefunden.

Somit funktioniert das Verfahren in erwarteter Art und Weise und liefert zuverlässig den Hülsenrand als Referenzkreis.

Auf dieser Basis wird anschließend die Kreisdetektion unter Verwendung eines ringförmigen Suchraums, wie in Abschnitt 4.2.6 beschrieben, durchgeführt. Die Ergebnisse der Klassifikation der so gefundenen Kreise werden in den folgenden Abschnitten beschrieben.

6.2.2　Ergebnisse der Kaliberklassifikation

In Abschnitt 4.2.7.1 wurde die Klassifikation des Kalibers eingeführt. In diesem Abschnitt werden nun die Ergebnisse der Untersuchung des Verfahrens aufgeführt.

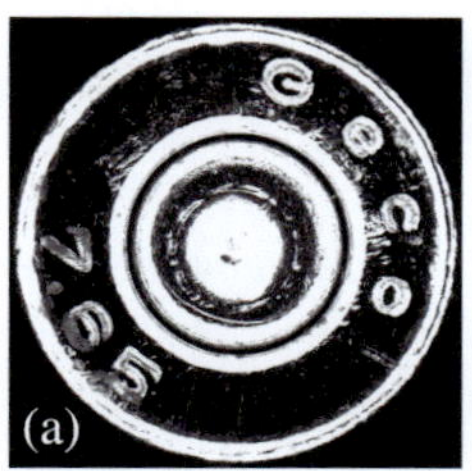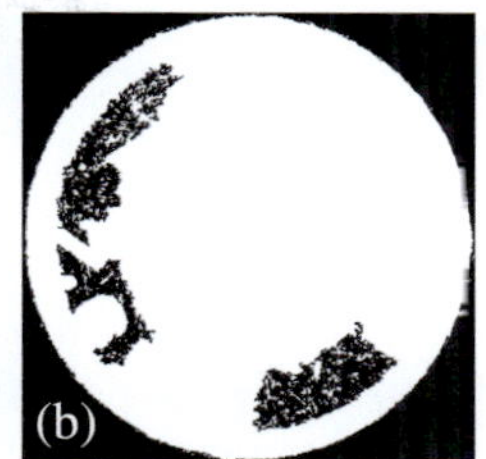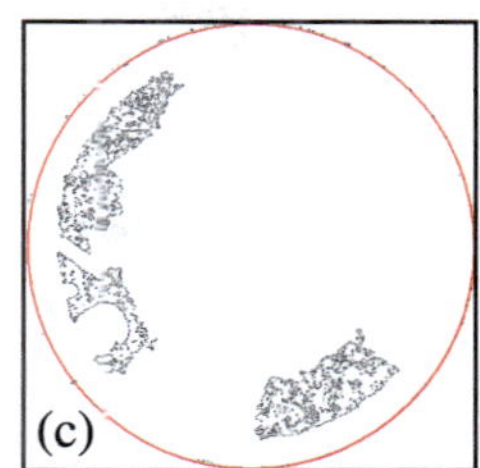

Bild 6.2: Detektion des Hülsenrandes. (a) Homogen beleuchtetes Eingangsbild; (b) Ergebnis der Hintergrunddetektion mittels SVM und Entfernung kleiner schwarzer Regionen; (c) Ergebnis der Kreisdetektion. Die Bereiche um die Zeichen des Bodenstempels sind zu dunkel und werden von der SVM dem Hintergrund zugerechnet. Die Nachverarbeitung kann dies nur teilweise korrigieren. Der Hülsenrand wurde jedoch korrekt gefunden.

Die Bauformen und Maße von Patronen werden von der *Commission Internationale permanente Pour l'Epreuve des Armes à Feu portatives* (CIP) festgelegt. Auf die Tabellen der CIP [CIP 2001] beziehen sich im Folgenden die Kaliberbezeichnungen und Angaben.

Für die Evaluation der Kreisschätzungsalgorithmen werden Patronenhülsen folgender Kaliber als Trainingsdaten verwendet:

- 66 Hülsen des Kalibers „9 mm Luger"

- 5 Hülsen des Kalibers „7.63 mm Mauser"

- 14 Hülsen des Kalibers „.45 ACP"

- 15 Hülsen des Kalibers „7.65 mm Browning"

Die Kaliber „9 mm Luger" und „7.63 mm Mauser" sind von einander abgeleitet und besitzen daher vergleichbare Maße ihres Hülsenbodens. Sie unterscheiden sich lediglich in anderen Maßen, wie dem Durchmesser des Geschosses oder der Höhe der Hülse. Sie können somit bei ausschließlicher Nutzung der Ansicht des Hülsenbodens nicht unterschieden werden. Daher werden diese beiden Kaliber in einer Klasse zusammengefasst.

Für den Test der Klassifikation stehen

- 72 Hülsen des Kalibers „9 mm Luger" und „7.63 mm Mauser",

- 13 Hülsen des Kalibers „.45 ACP",

- 15 Hülsen des Kalibers „7.65 mm Browning"

zur Verfügung.

Mit Hilfe der Trainingsdaten wurde für jedes Kaliber Mittelwert und Standardabweichung des Hülsendurchmessers in Millimetern geschätzt. Mit Hilfe der dadurch bestimmten Normalverteilungen wurde die Maximum-Likelihood-Klassifikation für die Testdaten durchgeführt. Die Ergebnisse der Auswertung sind in der Wahrheitsmatrix in Tabelle 6.3 angegeben. Aufgrund der sich deutlich unterscheidenden Durchmesser können alle Testhülsen korrekt ihrer Kaliberklasse zugeordnet werden.

	Soll		
Ist	9 mm / 7.63 mm	.45	7.65 mm
9 mm / 7.63 mm	72	0	0
.45	0	13	0
7.65 mm	0	0	15

Tabelle 6.3: Wahrheitsmatrix der Ergebnisse der Kaliberklassifikation.

terscheidenden Durchmesser können alle Testhülsen korrekt ihrer Kaliberklasse zugeordnet werden.

6.2.3   Ergebnisse der Kreisschätzung

In der Vorbereitung der Kreisklassifikation wurde eine Kreisdetektion mit Hilfe der RHT, entsprechend der Angaben in Abschnitt 4.2.6 auf allen Hülsen in der Datenbank durchgeführt. Dazu wurden die Fusionsergebnisse der flachen Spot-Beleuchtungsserie verwendet und mit Hilfe eines *Canny*-Kantendetektors die Kreise als Kantenpunkte sichtbar gemacht. Die Kreise wurden anschließend mit Hilfe der RHT und der im Anhang A.1 angegebenen Parameter geschätzt.

In Vorbereitung der Kreisklassifikation wurden alle gefundenen Kreise manuell Klassen zugeordnet. Dabei konnten in sämtlichen Bildern die Kreise des Hülsenrandes, Zündhütchens und Schlagbolzeneindrucks gefunden werden.

Die Kreisdetektion mit Hilfe der RHT ist somit sehr gut für die gestellte Aufgabe geeignet.

Alle zusätzlich gefundenen Kreise werden in der nachfolgenden Kreisklassifikation erneut bewertet. Sie werden entfernt, falls sie die strengeren Kriterien der Kreisklassifikation nicht erfüllen. Sie beeinflussen die gute Eignung der Kreisdetektion für die Aufgabe somit nicht negativ.

6.2.4 Ergebnisse der Kreisklassifikation

Für die Untersuchung der Leistungsfähigkeit der Kreisklassifikation aus Abschnitt 4.2.7.2 werden dieselben Trainings- und Testhülsen wie im Abschnitt 6.2.2 verwendet. Als Eingangsdaten dienen Bilder mit bereits detektierten Kreisen. In der Trainingsdatenbank sind die Kreise manuell klassifiziert. Auf Basis der so vorliegenden Daten für jede Kreisklasse wurden, getrennt für jede Kaliberklasse, die Mittelwerte und Standardabweichungen der vier Merkmale Radius, Gradientenbetrag, Exzentrizität und Vollständigkeit bestimmt. Mit Hilfe dieser Informationen wurden die Zugehörigkeitsfunktionen für jede Klasse jedes Kalibers festgelegt.

Anschließend wurde die Klassifikation auf die in der Testdatenbank abgelegten Kreise angewendet. Danach konnten die Ergebnisse dieser Klassifikation mit manuell klassifizierten Referenzdaten verglichen werden. Es ergibt sich die Wahrheitsmatrix in Tabelle 6.4.

		Soll		
Ist	HR	ZH	SB	UB
HR	295	0	0	3
ZH	0	433	0	6
SB	0	2	247	9
UB	2	14	20	41

Tabelle 6.4: Wahrheitsmatrix der Kreisklassifikation in Hülsenrand, Zündhütchen und Schlagbolzeneindruck

Durch Betrachtung einer Klasse gegenüber allen anderen lassen sich die relativen Kennwerte aus Tabelle 6.5 bestimmen. Wie an den Hauptdiagonalelementen

Kreisklasse	RPR (in %)	FPR (in %)
HR	99,3	0,41
ZH	96,4	1,01
SB	92,5	1,41
UB	69,5	3,56

Tabelle 6.5: Kenngrößen der Kreisklassifikation in Hülsenrand, Zündhütchen und Schlagbolzeneindruck.

der Wahrheitsmatrix in Tabelle 6.5 sowie an den RPR- und FPR-Werten des Hülsenrandes, Zündhütchens und Schlagbolzeneindrucks in Tabelle 6.5 zu sehen, werden die Kreise mit wenigen Ausnahmen richtig klassifiziert. Lediglich bei den als unbekannt zurückzuweisenden Kreisen ergeben sich höhere Fehlerraten.

Im Weiteren werden einige Beispiele für fehlgeschlagene Kreisklassifikationen auf der rechten Seite der Abbildungen gezeigt. Die Bilder mit den Referenzklassifikationen sind links zu finden. Die Kreise sind in die Ausgangsbilder der Kreisdetektion eingezeichnet. Die Kreisklassen sind durch folgende Farben gekennzeichnet:

- HRA: grün; HRI: blau

- ZHA: gelb; ZHI: weiß

- SBA: türkis; SBI: pink

- HR, ZH, SB allgemein: rot

Im Falle der Bilder 6.3 (a) und (b) ergeben sich Fehlklassifikationen von Schlagbolzenkreisen als unbekannte Kreise, da der Gradient sehr klein ausfällt. Gleiches gilt für den zweitgrößten Zündhütchenkreis in (d). Da die Referenzklassifikation eher nach subjektiven sowie geometrischen Kriterien und nicht nach gemessenen Merkmalen erfolgt, können diese Fehlklassifikationen als weniger kritisch eingestuft werden. So ist die Entscheidung für oder gegen die Klasse „unbekannt" bei der Erzeugung der Referenzdaten oft nicht eindeutig. Somit relativiert sich ein weiterer Teil der Fehlklassifikationen.

Die Klassifikation in die Unterklassen wird anschließend getrennt für die Hauptklassen Hülsenrand, Zündhütchen und Schlagbolzeneindruck durchgeführt. Auch hier werden die automatisch klassifizierten Daten mit den Referenzdaten verglichen. Es ergeben sich die Wahrheitsmatrizen in den Tabellen 6.6, 6.7 und 6.8.

		Soll	
Ist	HR	HRA	HRI
HR	96	0	0
HRA	0	100	0
HRI	0	0	99

Tabelle 6.6: Wahrheitsmatrix der Klassifikation der Hülsenrandkreise in Unterklassen.

Es werden sehr gute Ergebnisse erreicht. Insbesondere die Kreise des Hülsenrandes und des Zündhütchens werden sehr zuverlässig klassifiziert. Im Folgenden werden wieder einige der auftretenden Fehler anhand von Beispielbildern diskutiert.

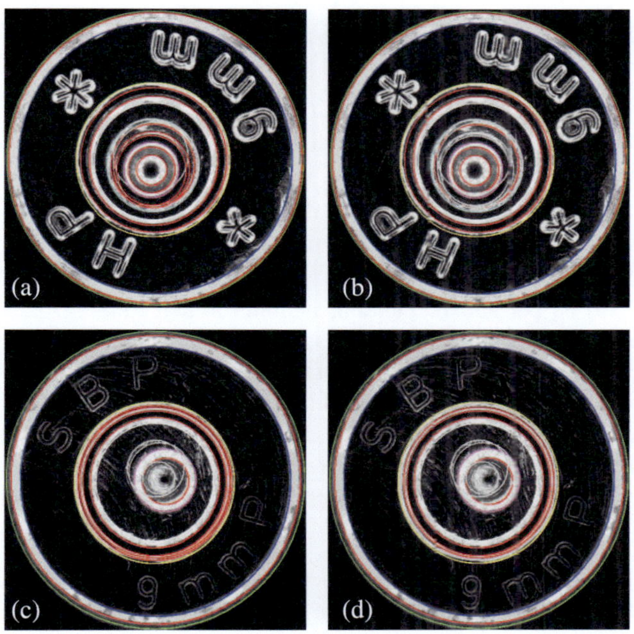

Bild 6.3: Referenzklassifikation (a) und (c). (b) Fehlklassifikation aufgrund zu kleiner Gradienten im Schlagbolzen und (d) im zweitgrößten Kreis des Zündhütchens.

	Soll		
Ist	ZH	ZHA	ZHI
ZH	235	1	0
ZHA	1	96	0
ZHI	2	0	98

Tabelle 6.7: Wahrheitsmatrix der Klassifikation der Zündhütchenkreise in Unterklassen.

		Soll	
Ist	SB	SBA	SBI
SB	117	0	0
SBA	0	18	12
SBI	12	1	87

Tabelle 6.8: Wahrheitsmatrix der Klassifikation der Schlagbolzeneindruckkreise in Unterklassen.

In Bild 6.4 (a) ist der äußere Zündhütchenrand in den Referenzdaten falsch zugeordnet. Erschwerend kommt hinzu, dass der äußere Zündhütchenrand elliptisch geformt ist und daher in der Kreisdetektion durch zwei Kreise abgebildet wird. Dies führt zur Fehlklassifikation in Bild (b). In Bild 6.4 (d) wurden die Kreise auf dem Wulst des Schlagbolzeneindrucks aufgrund der geringen Gradienten als unbekannt zurückgewiesen. In den Referenzdaten (c) wurde trotz der niedrigen Gradienten der äußere Schlagbolzeneindruck zugewiesen, was zur Fehlklassifikation führt.

Die Bilder 6.5 (a) und (b) zeigen einen ungewöhnlichen Schlagbolzeneindruck. Die Schlagbolzenführung ist rechteckig und der Schlagbolzeneindruck elliptisch. Daher werden drei Kreise im Eindruck detektiert, von denen in den Referenzdaten lediglich einer als gültig klassifiziert wurde. Mit Hilfe der darunter angeordneten Bilder 6.5 (c) und (d) lassen sich die 12 Fehlklassifikationen zwischen innerem Schlagbolzenkreis als Sollwert und äußerem Schlagbolzen als Klassifikation aus Tabelle 6.8 erklären.

In diesen Fällen erzeugt die Reflexion des Lichts am Grund des Schlagbolzeneindrucks einen höheren Gradienten als das am eigentlichen Rand des Schlagbolzeneindrucks der Fall ist. Daher wird der innere Kreis fälschlicherweise als innerer Schlagbolzeneindruck klassifiziert. Der äußere Kreis bleibt somit verfügbar, um ebenfalls falsch als äußerer Schlagbolzeneindruck identifiziert zu werden.

In der Tabelle 6.9 werden die Klassifikationsraten der Kreise aufgeführt. Die Fehlerraten sind erfreulich gering. Unter Berücksichtigung der gezeigten Ursachen vieler Fehler ist die Kreisklassifikation sehr positiv zu bewerten. Zum Abschluss dieses Abschnitts zur Kreisklassifikation werden drei vollständig richtig klassifizierte Hülsenböden in den Bildern 6.6 (a) bis (c) gezeigt.

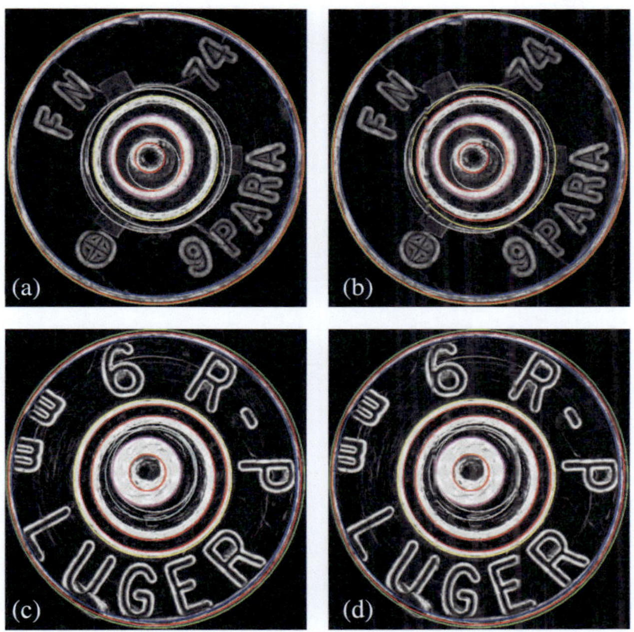

Bild 6.4: Referenzklassifikation (a) und (c). (b) Fehlklassifikation aufgrund eines elliptischen äußeren Zündhütchenrandes und eines Fehlers in den Referenzdaten und (d) zu kleiner Gradienten im Schlagbolzeneindruck.

Kreisklasse	RPR (in %)	FPR (in %)
HR	100	0
HRA	100	0
HRI	100	0
ZH	98,7	0,51
ZHA	98,9691	0,30
ZHI	100	0,60
SB	90,7	0
SBA	94,7	5,56
SBI	87,9	8,78

Tabelle 6.9: Kenngrößen der Kreisklassifikation in Unterklassen.

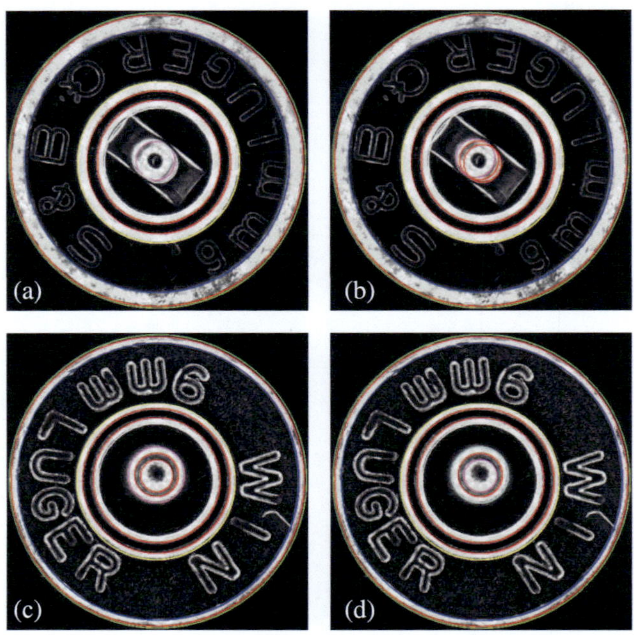

Bild 6.5: Referenzklassifikation (a) und (c). (b) Fehlklassifikation aufgrund eines elliptischen Schlagbolzeneindrucks und (d) Fehlzuordnung, da der größte Gradient am Grund des Schlagbolzeneindrucks auftritt.

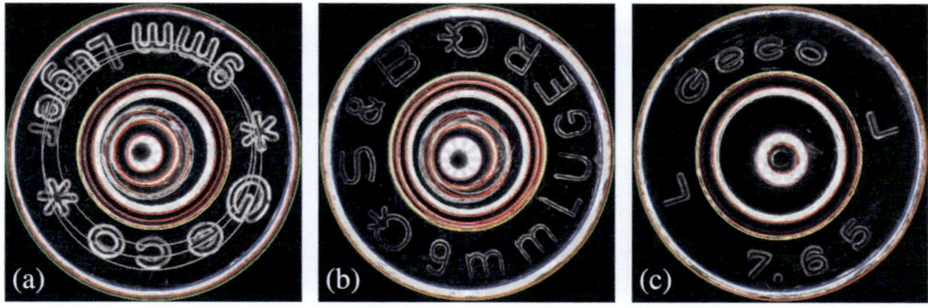

Bild 6.6: Ergebnisse der korrekten Kreisklassifikation dreier Patronenhülsen.

6.3 Ergebnisse der Segmentierung des Bodenstempels

In Abschnitt 4.3 wurde die Segmentierung der Zeichen des Bodenstempels beschrieben. Genauere Beschreibungen sind auch in [Kolditz 2008] zu finden.

Für die Beurteilung der Ergebnisse wurde eine manuelle Segmentierung der Bodenstempel auf Basis von 205 Bildern von Patronenhülsen vorgenommen. Diese Daten dienen als Referenz. Voraussetzung für die Segmentierung ist das Vorhandensein korrekt klassifizierter Kreise. Darauf aufbauend kann die Segmentierung auf den Bereich des Hülsenbodens zwischen innerem Hülsenrandkreis und äußerem Zündhütchenkreis eingeschränkt werden.

Die Segmentierungsverfahren wurden mit Hilfe von Merkmalsbildern aus Spot-Beleuchtungsserien mit einem Elevationswinkel von 70°, die mit Hilfe des Verfahrens *Varianz im Beleuchtungsraum* aus Abschnitt 3.2.4 fusioniert wurden, untersucht. Die Bilder besitzen eine Größe von 1024 auf 1024 Bildpunkten.

In Abschnitt 4.3 wurden regionenorientierte und musterbasierte Segmentierungsverfahren vorgestellt. Die erreichten Ergebnisse sind in derselben Aufteilung in den folgenden Abschnitten aufgeführt.

6.3.1 Ergebnisse der musterbasierten Segmentierung

Im Abschnitt 4.3.2 wurde die musterbasierte Segmentierung des Bodenstempels eingeführt. Die Anwendung und Auswertung des Verfahrens wird im Folgenden beschrieben. Die Ergebnisse basieren auf den Untersuchungen, die im Rahmen einer Studienarbeit [Kolditz 2008] durchgeführt wurden.

Ziel der musterbasierten Segmentierung ist das Wiederfinden des betrachteten Bodenstempels in einer Datenbank. Ist ein passender Bodenstempel gefunden, so kann die in der Datenbank vorhandene Segmentierungsinformation auf die aktuelle Aufnahme übertragen werden.

Zu diesem Zweck wurden 25 Patronenhülsen unterschiedlicher Kaliber und Hersteller ausgewählt und als Referenz in einer Datenbank gespeichert. Mit Hilfe der verbliebenen 177 Hülsen wurde dann die Korrelation durchgeführt. Die Ausgangsbilder wurden vor der Korrelation gammakorrigiert, um die Gewichtung der Werte zu einander günstiger zu gestalten.

Aufgrund des Geschwindigkeitsvorteils der Korrelation im Frequenzbereich gegenüber der Korrelation in Ortsbereich wurde die Korrelation im Frequenzbereich auf polartransformierten Bildern aus Abschnitt 4.3.2.3 angewendet.

In einer ersten Untersuchung wurde eine sinnvolle Anzahl der Winkelschritte bestimmt. Dazu wurde eine Auswertung der Ergebnisse bei 180, 360 und 3600 Winkelschritten durchgeführt. Ab einer Anzahl von 360 Winkelschritten kann keine signifikante Verbesserung der Ergebnisse erreicht werden.

Der damit erreichbare MKK nach Übernahme der Segmentierungsinformation aus der Datenbank lag bei ca. 0,5. Bei Untersuchung einer Stichprobe von 116 Hülsen wurde festgestellt, dass lediglich 61% der Hülsen korrekt zugeordnet wurden.

Der Grund für die vergleichsweise große Anzahl Fehlklassifikation liegt in der Fertigung der Hülsen. Auch bei gleichem Kaliber und Hülsenhersteller unterscheiden sich die Bodenstempel teilweise von Charge zu Charge so deutlich, dass mit Hilfe der Korrelation die Hülse passenden Kalibers und Herstellers nicht gefunden werden kann.

Daher sind bessere Ergebnisse des Verfahren dann zu erwarten, wenn z. B. an einem Tatort mehrere Hülsen aus einer Waffe und einer Charge gefunden werden, bei denen eine Übertragung der Segmentierung zu sinnvollen Ergebnissen führen kann. In den anderen Fällen kann der Ansatz an der großen Menge von Hülsen scheitern, die mit vielen unterschiedlichen Werkzeugen hergestellt wurden.

6.3.2 Ergebnisse der regionenorientierten Segmentierung

Im Folgenden wird die Parameteroptimierung der regionenorientierten Segmentierung aus Abschnitt 4.3.1 vorgestellt. Die Ausgangsbilder wurden vor der Segmentierung auf Werte zwischen 0 und 1 normalisiert und eine Gammakorrektur durchgeführt.

Ausgehend von Startparametern wurde jeweils ein einzelner Parameter variiert. Zur Beurteilung der Ergebnisse wurde der Matthews-Korrelations-Koeffizient (MKK) sowie die *Richtig-Positiv-Rate* und die *Falsch-Positiv-Rate*, siehe Abschnitt 6.1, über dem variierten Parameter aufgetragen.

Die Diagramme in Bild 6.7 zeigen die Ergebnisse der Parametervariation für die regionenorientierte Segmentierung auf Basis des *Connected-Component-Labeling* (CCL). Dabei wurden vier Parameter variiert. Erstens kann die Toleranz des CCL verändert werden. Zweitens wird der Einfluss der minimal zulässigen Segmentgröße untersucht. Drittens kann in der Nachverarbeitung beeinflusst werden, um wie viel Prozent der innere Hülsenrandkreis verkleinert und viertens der äußere Zündhütchenkreis vergrößert werden soll. Dadurch wird sichergestellt, dass nur der Bodenstempel und weder die Rille um das Zündhütchen, noch die Fase am Hülsenrand Einfluss auf das Endergebnis haben.

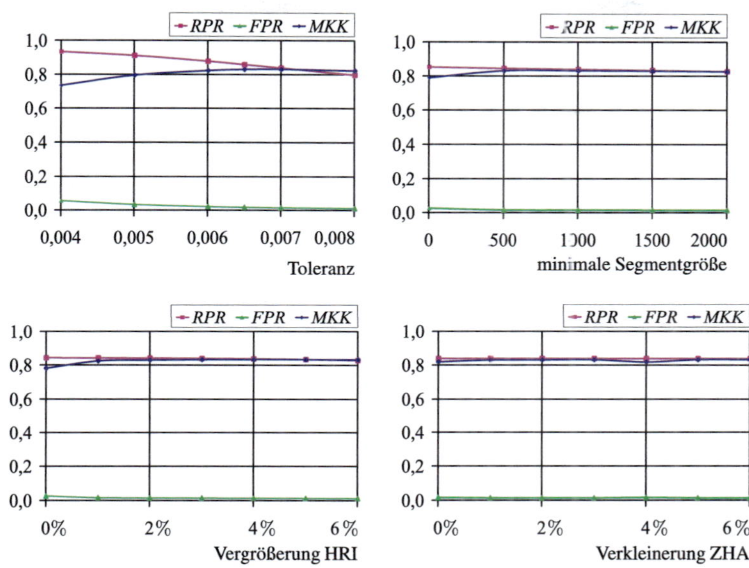

Bild 6.7: Parameteroptimierung bei Verwendung des CCL.

Wie im Diagramm in Bild 6.7 zu sehen, hat die Toleranz den größten Einfluss auf das Ergebnis. Der höchste MKK wird bei einer Toleranz von 0,007 erreicht. Ausgehend von diesem Toleranzwert wird die minimale Segmentgröße variiert und auf 1000 Bildpunkte festgelegt. Der maximale MKK wird bei einer Verkleinerung des inneren Hülsenrandes bzw. Vergrößerung des äußeren Zündhütchens von 3% erreicht. Bei diesen Parametereinstellungen ergibt sich ein MKK von 83,1%, eine RPR von 83,8% und eine FPR von 1,4%.

Anschließend wurde statt des CCL die *Graph-based Image Segmentation* zur Segmentierung verwendet. Auch hier wurden die Parameter ausgehend von Startwerten einzeln variiert. Die Standardabweichung dient als Parameter für eine Glättung der Daten. Der Parameter k_{GB} beeinflusst die Größe der Segmente. Die Parameter der minimalen Segmentgröße sowie der Vergrößerung und Verkleinerung der Kreise werden nicht neu bestimmt.

Im Falle der *Graph-based Image Segmentation* besitzt der Parameter k_{GB} den größten Einfluss. Die besten Ergebnisse werden bei $k_{GB} = 1.9$ erreicht. Die Standardabweichung der Glättung verändert das Ergebnis kaum. Der Wert von 0,5 bietet einen guten Kompromiss zwischen guter RPR und Vergrößerung der FPR. Bei den genannten Parametern ergibt sich ein MKK von 87,6%, eine RPR von

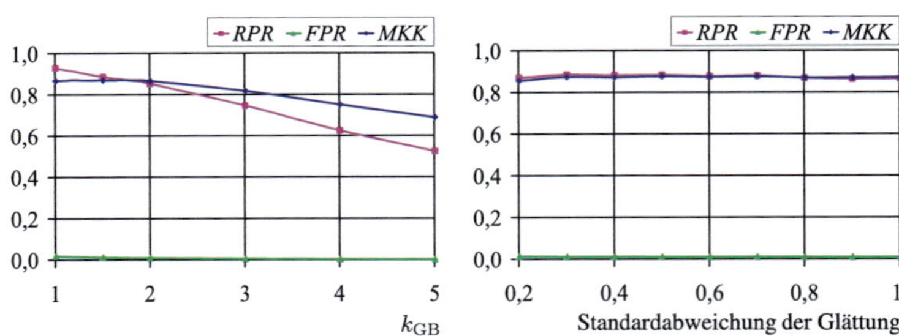

Bild 6.8: Parameteroptimierung bei Verwendung der *Graph-based Image Segmentation*.

$88{,}2\%$ und eine FPR von $1{,}03\%$.

Die Ergebnisse der beiden Varianten werden im Folgenden anhand von Beispielen diskutiert. Bild 6.9 zeigt die Ergebnisse von drei Patronenhülsen. Zeile (a) zeigt die Ausgangsdaten. Die Referenzsegmentierung ist in (b) aufgeführt. In Zeile (c) werden die Ergebnisse der Segmentierung auf Basis des CCL präsentiert und (d) zeigt die Ergebnisse der Variante mit der *Graph-based Image Segmentation*.

In der ersten Spalte ist ein sehr schwierig zu segmentierender Bodenstempel zu sehen. Die Zeichen sind sehr flach eingeprägt und die Ränder so steil, dass kaum Licht an der Begrenzung der Buchstaben und Zahlen reflektiert wird. Daher ist der Bodenstempel in den Ausgangsdaten kaum zu erkennen. Wegen der zu geringen Helligkeitsunterschiede scheitert die CCL-Variante an dieser Aufgabe. Geradezu erstaunlich ist das gute Ergebnis der anderen Variante.

Die Ergebnisse in der zweiten Spalte sind sehr gut. Lediglich bei der Kaliberbezeichnung „9 mm" waren die Konturen nicht komplett geschlossen, wodurch die Segmente in die Zeichen „hineinfließen". Bei der Hülse in der dritten Spalte wird dagegen zum Teil etwas mehr Fläche dem Bodenstempel zugeordnet als gewünscht.

Wie in den Bildern gezeigt wird, gibt es große Unterschiede bezüglich der Gradienten um die Zeichen der Bodenstempel. Ein großer Teil der Hülsen wird, ähnlich wie in der zweiten und dritten Spalte, sehr gut segmentiert. Ist der Bodenstempel jedoch flach und besitzt steile Kanten, so ist die Segmentierung häufig nicht vollständig möglich. Jedoch ist es dann auch bei einer manuellen Segmentierung nur mit Vorwissen über die Form der Buchstaben möglich, eine korrekte Segmentierung zu realisieren.

Die erreichbaren *Richtig-Positiv-Raten* sind somit deutlich von den verwendeten Testdaten abhängig. Ein anderer Anteil von Hülsen mit flach eingeprägtem Boden-

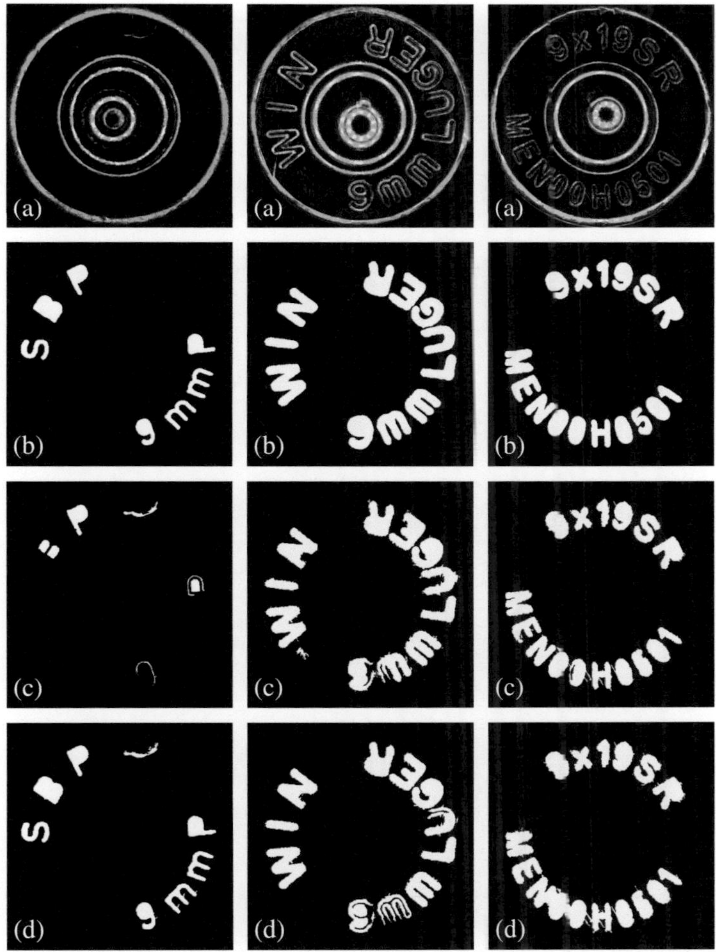

Bild 6.9: Ergebnis der Segmentierung des Bodenstempels bei drei unterschiedlichen Hülsen. (a) Ausgangsbild; (b) manuelle Segmentierung; (c) Ergebnis der CCL-Variante; (d) Ergebnis der *Graph-based Image Segmentation*-Variante.

stempel würde die RPR somit deutlich beeinflussen.

Weitere Ergebnisse sind in Bild 6.10 sowie im Anhang in den Bildern A.1 und A.2 gegeben. Hier ist das Gesamtergebnis der Segmentierung gezeigt. Die Ergebnisse der Kreisklassifikation und der regionenorientierten Segmentierung wurden entsprechend der Angaben in Abschnitt 4.4 kombiniert.

Die erreichten *Richtig-Positiv-Raten* sowie die Beispiele zeigen deutlich die hohe Leistungsfähigkeit der regionenorientierten Verfahren. Im direkten Vergleich schneidet die Variante mit der *Graph-based Image Segmentation* mit einem MKK von 87,6% gegenüber 83,1% bei der Verwendung des CCL noch etwas besser ab und sollte daher bevorzugt werden.

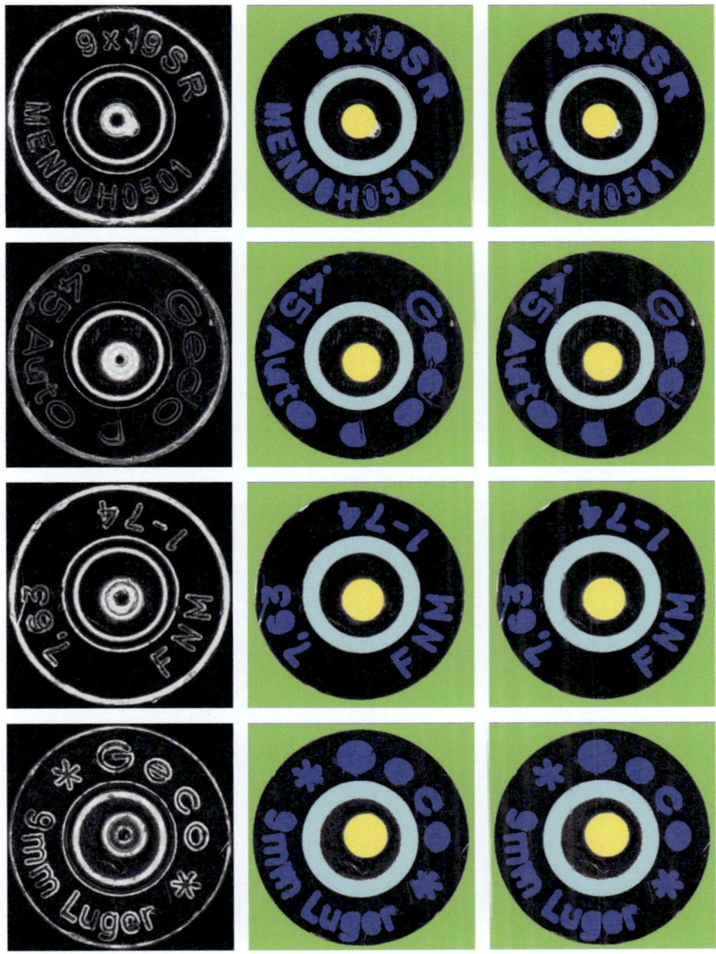

Bild 6.10: Gesamtergebnis der Segmentierung des Hülsenbodens. Spalte 1: Ausgangsbild; Spalte 2: Ergebnis der CCL-Variante; Spalte 3: Ergebnis der *Graph-based Image Segmentation*-Variante.

7 Zusammenfassung

Aufgabe der Kriminaltechnik ist der gerichtsverwertbare Nachweis von Zusammenhängen zwischen den am Tatort gefundenen Spuren und einem Tatverdächtigen, bzw. Spuren derselben Tatwaffe an unterschiedlichen Tatorten. Aufgrund der Schwere der Taten ist insbesondere bei Schusswaffendelikten das Interesse des Staates und der Bevölkerung an einer Aufklärung auch viele Jahre nach einer Tat sehr hoch.

Daher ergeben sich große Spurensammlungen unaufgeklärter Taten bei der Polizei. Der visuelle Vergleich der Spuren auf Patronenhülsen und Geschossen durch Kriminaltechniker ist zeitaufwendig und ermüdend. Daher wird seit einiger Zeit an Systemen gearbeitet, die eine automatisierte Vorsortierung nach Ähnlichkeit der Spuren durchführen. Ziel ist es, dem Kriminaltechniker eine Liste mit wenigen in Frage kommenden Hülsen oder Geschossen zu präsentieren, die visuell verglichen und beurteilt werden können. Zudem ist es wünschenswert, für den visuellen Vergleich geeignete Daten der Spuren in einer Datenbank vorzuhalten, um den Gang in die Asservatenkammer zu ersparen.

Ziel dieser Arbeit ist zum einen hochwertige Daten für den Vergleich von Patronenhülsen zu erzeugen und in einer Datenbank vorzuhalten, zum anderen die Bereiche des Hülsenbodens automatisiert zu bestimmen, die Spuren des Stoßbodens der Waffe enthalten können.

In Kapitel 1 werden die Vorgänge beim Verschießen einer Patrone aus einer Waffe sowie die Spurenentstehung erläutert. Aus dem Ablauf der kriminaltechnischen Ermittlungen bei Schusswaffendelikten ergeben sich die Anforderungen an ein Vergleichssystem. Aus diesen Anforderungen werden die Ziele dieser Arbeit abgeleitet.

Kapitel 2 befasst sich mit Grundlagen der in dieser Arbeit verwendeten Algorithmen. Der Schwerpunkt liegt dabei auf Parameterschätzverfahren, insbesondere der *Randomized-Hough-Transform* und der Methode der kleinsten Quadrate. Weiterhin wird in die Anwendung von Korrelationsverfahren zum Vergleich von Bildern unter Berücksichtigung von Maskierungen eingeführt.

Anschließend wird in Kapitel 3 die Bilderfassung und -verbesserung beschrieben. Nach Einführung in die verschiedenen Methoden zur Erfassung von zweidimensionalen und dreidimensionalen Daten wird die verwendete Konfiguration zur Aufnahme von Grauwertbildern erläutert. Für die Fusion von Beleuchtungsserien wird die Methode zur Berechnung der Varianz im Beleuchtungsraum motiviert und vorgestellt. Sie ermöglicht die Berechnung kontrastreicher Merkmalsbilder zum visuellen und automatisierten Vergleich von Stoßbodenspuren auf dem Boden von Patronenhülsen.

Auf Basis der kontrastreichen Bilder des Bodens der Patronenhülse wird eine Segmentierung durchgeführt. Dabei werden die Bereiche im Bild markiert, die Spuren des Stoßbodens der Waffe beinhalten können. Diese Aufgabe wird in Kapitel 4 in zwei Teilen bearbeitet. Zuerst werden rotationssymmetrische Bildbestandteile wie der Hülsenrand, das Zündhütchen und der Schlagbolzeneindruck mit Hilfe einer Kreisschätzung mittels der weiterentwickelten *Randomized-Hough-Transform* detektiert. Die vorgestellten Verbesserungen lassen sich auf alle Schätzprobleme übertragen, die für die Anwendung der *Hough-Transformation* geeignet sind. Danach werden die Kreise mit Hilfe einer *Fuzzy-Klassifikation* zugeordnet. Anschließend werden Verfahren für die Segmentierung des Bodenstempels der Hülse vorgestellt. Hierbei wird zwischen regionenorientierten Verfahren auf Basis des *Connected-Component-Labeling* sowie der *Graph-based Image Segmentation* und einem Mustervergleich mittels Korrelationsverfahren unterschieden.

Kapitel 5 stellt den Vergleich der Stoßbodenspuren mit Korrelationsverfahren unter Berücksichtigung der in Kapitel 4 beschriebenen Segmentierung vor. Es werden zum einen direkt die Bilddaten korreliert, zum anderen ein Korrelationsmaß für den Vergleich von Merkmalsbildern auf Basis des Strukturtensors vorgestellt. Dieser beschreibt die lokale Vorzugsrichtungen und somit die riefenartigen Spuren des Stoßbodens. Anschließend werden geeignete Merkmale und Ähnlichkeitsmaße vorgestellt, die für eine Vorsortierung der Patronenhülsen verwendet werden können.

Mit Hilfe umfangreicher experimenteller Untersuchungen werden die Verfahren der Kreisschätzung und Kreisklassifikation sowie die Segmentierungsverfahren des Bodenstempels in Kapitel 6 bewertet. Es wird gezeigt, dass die vorgestellten Verfahren eine hervorragende Grundlage für einen daran anschließenden Vergleich darstellen.

A   Anhang

A.1   Parameter der Kreisschätzung mittels RHT

Parametername	Parameterwert
Anzahl Zufallsversuche	
Maximale Anzahl	$20 \cdot$ Anzahl Kantenpunkte
Konfidenz für den minimalen Kreis	95%
Ballung der Kreiskandidaten	
in x	1,0 Pixel
in y	1,0 Pixel
in r	1,0 Pixel
Prüfung der Kreiskandidaten	
minimaler Zählerstand	5
maximaler Zählerstand	10
minimaler Radius	50,0 Pixel
Radientoleranz	5,0 Bildpunkte
relative Anzahl Kreispunkte	50%
adaptive Radientoleranz	$2,5 \cdot \hat{\sigma}_0$
Abbruchkriterien	
maximale Anzahl Epochen	20
maximale Anzahl fehlgeschlagener Epochen	1
M-Estimator	
Gewichtsfunktion	Cauchy
maximale Anzahl Iterationen	20

Tabelle A.1: Parametereinstellungen der Kreisschätzung mittels RHT

A.2   Weitere Ergebnisse der Segmentierung

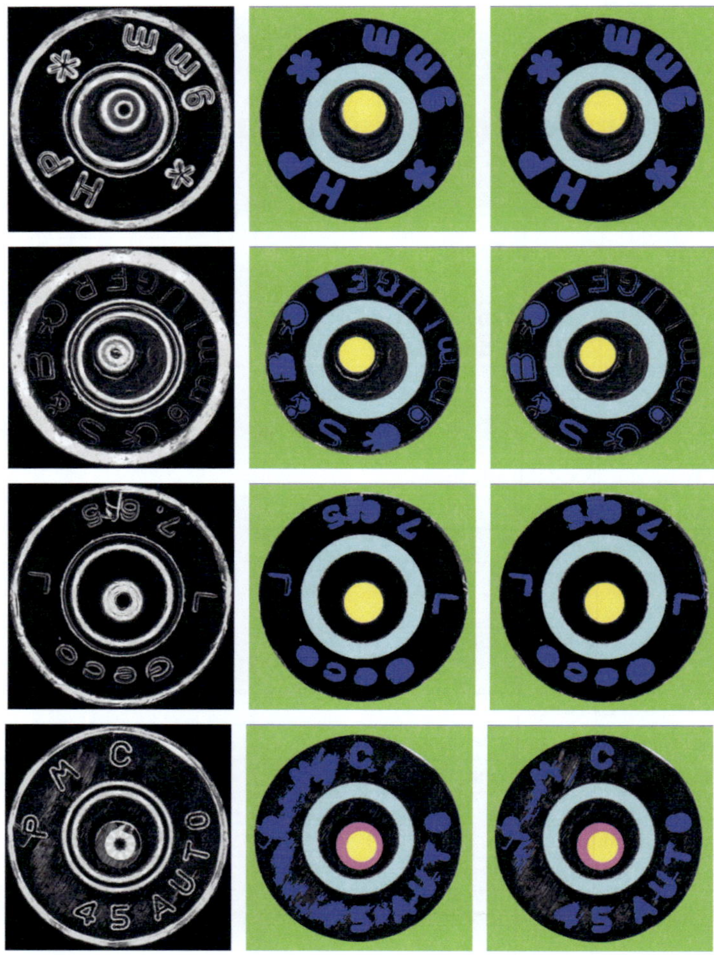

Bild A.1: Gesamtergebnis der Segmentierung des Hülsenbodens. Spalte 1: Ausgangsbild; Spalte 2: Ergebnis der CCL-Variante; Spalte 3: Ergebnis der *Graph-based Image Segmentation*-Variante.

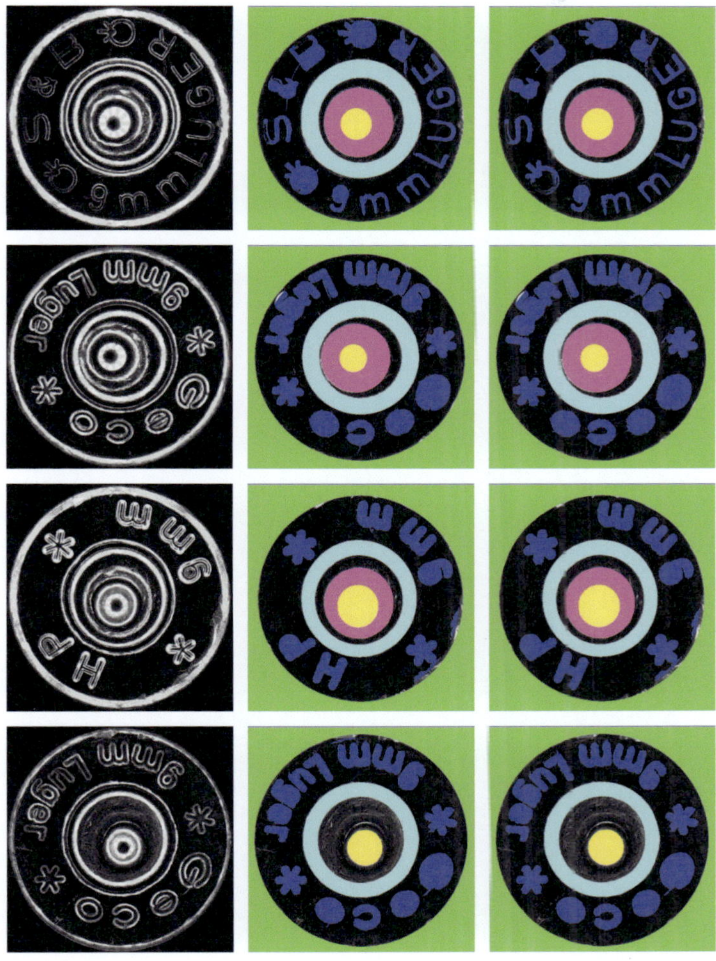

Bild A.2: Gesamtergebnis der Segmentierung des Hülsenbodens. Spalte 1: Ausgangsbild; Spalte 2: Ergebnis der CCL-Variante; Spalte 3: Ergebnis der *Graph-based Image Segmentation*-Variante.

B Realisierung des Vergleichssystems für Patronenhülsen

In diesem Kapitel wird das Bilderfassungs- und Vergleichssystem beschrieben. Der Schwerpunkt liegt dabei auf den Verbesserungen, die gegenüber dem in [Puente León 1999] und [Heizmann 2004] vorgestellten Stand erreicht wurden, sowie den auf die Bilderfassung von Patronenhülsen abgestimmten Verfahrensschritten.

B.1 Konzeption des Bilderfassungsaufbaus

Im Rahmen der Arbeiten zur kriminaltechnischen Untersuchung und automatisierten Vergleich von Spuren am Institut für Mess- und Regelungstechnik wurde ein Bilderfassungsaufbau entwickelt und kontinuierlich verbessert. Die zu Grunde gelegte Konfiguration wurde im Rahmen der Dissertation von [Puente León 1999] vorgestellt. Sie besteht aus einer in drei Achsen translatorisch verstellbaren Halterung für die zu untersuchenden Objekte, des Weiteren aus einer Platte mit einzeln ansteuerbaren LEDs, deren Licht über einen Parabolspiegel auf das Objekt gerichtet wird. Bilder können mit Hilfe einer Kamera erfasst werden, die durch ein hochwertiges Makroskop mit einstellbarer Vergrößerung auf das Objekt gerichtet ist. Sowohl die Position als auch Beleuchtung und Kamera sind mit Hilfe eines Rechners steuerbar. Der schematische Aufbau ist in Bild B.1 zu sehen. Es wurde eine zusätzliche Halterung für Geschosse konstruiert, die eine automatisierte Erfassung des Mantels des Geschosses durch Rotation ermöglicht.

Im Rahmen der Dissertation von [Heizmann 2004] konnte ein neuer Aufbau realisiert werden. Dieser unterscheidet sich vom vorherigen durch deutlich größere Abmaße, eine ausgefeiltere Ansteuerung und eine höhere Anzahl LED für eine flexiblere Beleuchtung. Für die in [Puente León 1999] vorgestellte Zylinderabwicklung des Mantels von Geschossen wurde eine Geschosshalterung konstruiert, die rechnergesteuert über eine Achse von einem Schrittmotor außerhalb des Parabolspiegels angetrieben wird. Dadurch wird sichergestellt, dass wenig Licht durch den Antrieb abgeschattet wird. Beim Betrieb des Schrittmotors wird die horizonta-

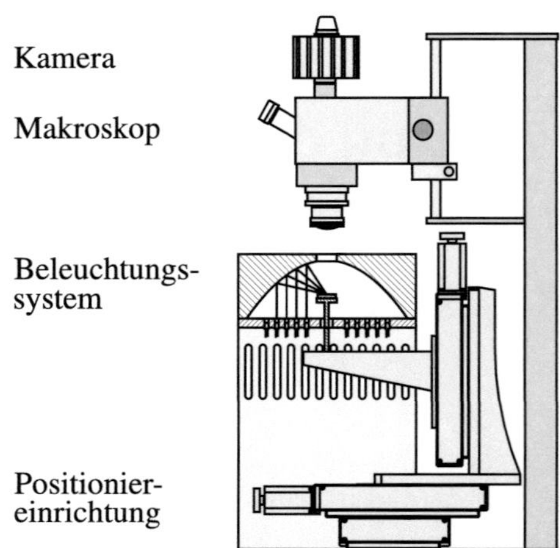

Bild B.1: Schematischer Aufbau der Bilderfassungsstation. Kamera, Beleuchtung und Positionierung können über einen Steuerrechner gezielt eingestellt werden.

le, translatorische Bewegung quer zur Achsrichtung des Drehantriebs deaktiviert.

Im Rahmen eines Projektes im Bereich der Medizintechnik zur Inspektion von Stents[1] wurde es notwendig, alle translatorischen Bewegungen und die zusätzliche Rotation des Stents zu realisieren. Durch Integration des Schrittmotors in die Halterung konnten die Anforderungen erfüllt werden, siehe Bild B.2.

Bild B.2: Bilderfassungstation ohne Beleuchtungseinrichtung. Zu sehen ist die Integration des Rotationsantriebs in die Halterung am Beispiel der Geschosshalterung.

Außerdem wurde ein drehbarer Objektträger, Bild B.3(a), eine Geschosshalterung

---

[1]Stents sind gitterartige, rotationssymmetrisch Gefäßstützen, die operativ in Blutgefäße eingeführt werden, um diese nach Operation von Gefäßverengungen offen zu halten.

(b) sowie eine Halterung für die Abwicklung von Stents und anderen rotationssymmetrischen Objekten (c) entwickelt.

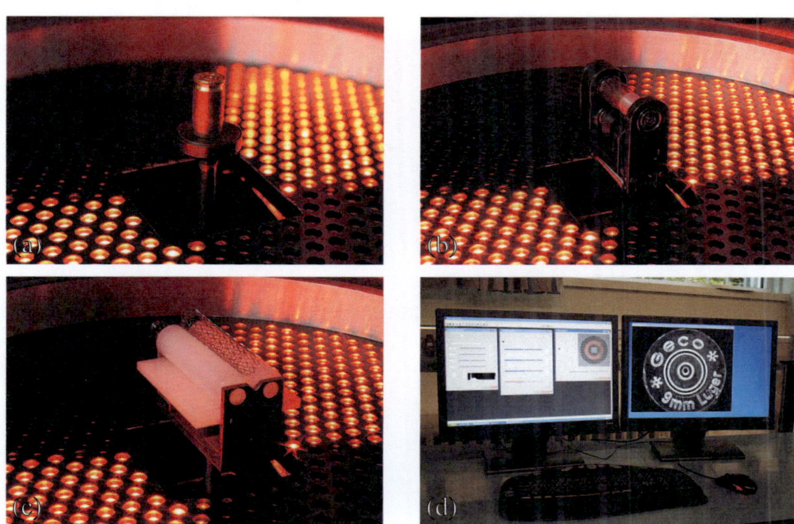

Bild B.3: (a) Drehbarer Träger für Hülsen und Abformungen, (b) Halterung für die Zylinderabwicklung von Geschossen, (c) Halterung Zylinderabwicklung rotationssymetrischer Teile, hier ein Stent (medizinische Anwendung), (d) Ansicht der Benutzeroberflächen von Kamera, Positionierung, Beleuchtung sowie Live-Vorschau der Kamera.

In den vorhergehenden Arbeiten [Puente León 1999, Heizmann 2004] wurden in der Regel niedrige Objekte, wie Geschosse und Abformungen von Riefenspuren betrachtet. Daher genügte der translatorische Bewegungsbereich, um das Objekt immer im Bereich des Brennpunkts der Beleuchtungseinrichtung zu positionieren.

In dieser Arbeit wird der Boden von Patronenhülsen untersucht. Patronenhülsen können sehr unterschiedliche Abmessungen besitzen, siehe Bild B.4. Der vertikale Bewegungsbereich der Positionierung ist insbesondere bei Patronenhülsen für Langwaffen nicht ausreichend, um den Hülsenboden im Brennpunkt des Parabolspiegels zu halten. Daher wurden Distanzringe für die Verschiebung des Beleuchtungsbrennpunkts angefertigt, siehe Bild B.5(b).

Neben den konstruktiven konnten auch Verbesserungen in der Programmierung und Benutzerführung erreicht werden. Die gesamte Software ist modular aufgebaut. Beispielhaft ist in Bild B.3(d) die Anzeige der Bildschirme des Steuerrechners zu sehen. Die Module zur Ansteuerung von Kamera, Positionierung und der

Bild B.4: Verschiedene Hülsenarten. Zu erkennen sind die unterschiedlichen Höhen und Durchmesser der Patronenhülsen sowie die bei den Patronen für Langwaffen üblichen Einschnürungen am Patronenmund.

Bild B.5: Distanzringe für die Verschiebung des Beleuchtungsbrennpunkts; (a) Mit Patronenhülse für Kurzwaffen; (b) für Langwaffen.

Beleuchtung sind benutzerfreundlicher gestaltet. Alle Parameter lassen sich intuitiv und komfortabel einstellen. Die einzelnen Module erkennen die Hardware automatisch. Über Schnittstellen wird die Ansteuerung anderer Softwaremodule, z. B. zum Zwecke der automatisierten Bilderfassung, zugänglich gemacht. Die Ansteuerung der Bilderfassung funktioniert stabil und ermöglicht so die schnelle, automatisierte Erfassung umfangreicher Datensätze.

B.2   Automatisierte Bilderfassung von Hülsen

In Abschnitt 1.3 sind Anforderungen beschrieben, die an ein sinnvoll in der Kriminaltechnik nutzbares Bilderfassungs- und Vergleichssystem gestellt werden. Es werden im Folgenden Verfahren beschrieben, die zur Erfüllung dieser Anforderungen realisiert wurden. Diese dienen einer komfortablen, automatisierten und reproduzierbaren Erfassung der für die Untersuchung und den Vergleich notwendigen Bilddaten.

Nach der Sicherstellung einer ausreichenden Beleuchtung wird die automatisierte Bilderfassung der Patronenhülsen mit der Fokussierung auf den Hülsenboden begonnen. Dazu werden mit der Positionierung unterschiedliche Höhenpositionen angefahren und jeweils ein Bild aufgenommen. In einem Bildausschnitt wird der mittlere, lokale Kontrast berechnet. Der Mittelwert des Kontrasts innerhalb des Ausschnitts ist ein Maß für die Bildschärfe. Durch Maximierung des mittleren lokalen Kontrasts über der z-Position kann die optimale Höhe der Positionierung bestimmt werden. Anschließend wird diese Position angefahren.

Anschließend soll die aktuelle Vergrößerung bestimmt werden. Diese Information wird im weiteren Verlauf der Erfassung verwendet, um den Hülsenboden präzise im Bild positionieren zu können sowie bei der Auswertung z. B. den Hülsendurchmesser in Millimetern angeben zu können. Dazu wird eine Verschiebungsschätzung zweier Aufnahmen durchgeführt, bei denen die Hülse mit Hilfe der Positionierung um einen bekannten Betrag versetzt wurden. Die Schätzung der Verschiebung wird mit Hilfe korrespondierender Merkmale der *Scale Invariant Feature Transform* (SIFT) [Lowe 2004] durchgeführt. Aus den Korrespondenzen wird mit Hilfe einer RHT eine Anfangsschätzung für die Verschiebung bestimmt. Nach Entfernung der Ausreißer entspricht der Mittelwert der Verschiebungen zwischen den Korrespondenzen der Schätzung mit minimalem quadratischen Fehler. Über das Verhältnis von Verschiebung der Positionierung und Verschiebung der Bilder in Bildkoordinaten kann auf die Vergrößerung geschlossen werden. Da keine telezentrische Optik verwendet wird, verändert sich der Maßstab bei Defokusierung des Objekts. Da der Boden der Patronenhülse jedoch näherungsweise eben ist und vor der Bestimmung der Vergrößerung ein Autofokus durchgeführt wurde, ist die Genauigkeit der Messung der Vergrößerung für die gegebene Aufgabenstellung ausreichend.

Danach wird mit der in Abschnitt 4.2.1 beschriebenen Klassifikation von Hülse und Hintergrund die Bestimmung des Hülsenrandes und damit der Position der Hülse im Bild vorbereitet. Nach einer Kantenextraktion wird die Kreisschätzung entsprechend Abschnitt 4.2.5 durchgeführt. Auf Basis der Kreisparameter kann bestimmt werden, wie viele überlappende Aufnahmepositionen notwendig sind, um die Hülse komplett zu erfassen. Dann kann die erste Aufnahmeposition angefahren werden.

Anschließend werden in jeder der notwendigen Positionen Aufnahmen unter unterschiedlicher Beleuchtung gemacht. Die Art der Beleuchtung und Beleuchtungsserien kann an die spätere Aufgabenstellung angepasst werden.

Danach wird stellvertretend mit einer dafür geeigneten Beleuchtung eine Registrierung der Aufnahmen durchgeführt. Dazu werden SIFT-Merkmale in den Bildern bestimmt. Nach der Bestimmung der Korrespondenzen können, wie bei der Vergrößerungsschätzung beschrieben, die Verschiebungen zwischen den Bildern bestimmt werden. Auf dieser Basis werden die Aufnahmen der zueinander gehörenden Beleuchtungen durch lineare Überblendung in den Randbereichen zusammengefügt.

Abschließend werden die zusammengesetzten Bilder in Vorbereitung des Vergleichs so skaliert, dass der Hülsenrand immer einen definierten Durchmesser, gemessen in Bildpunkten, aufweist. Die Bilder werden so zugeschnitten, dass die Hülse zentriert im Bild liegt und einen definierten Abstand zum Rand hält. Durch diese Nachverarbeitung wird der Einfluss der Randbehandlung von lokalen Bildverarbeitungsalgorithmen verringert und der spätere korrelative Vergleich erleichtert. Die gespeicherte Vergrößerungsinformation wird entsprechend angepasst. Die Bilder werden in einer Datenbank gespeichert, die im nächsten Abschnitt beschrieben wird.

Mit diesem Vorgehen wird die geforderte schnelle und reproduzierbare Bilderfassung realisiert.

B.3   Datenbank

Weitere Anforderungen in Abschnitt 1.3 beziehen sich auf den schnellen und komfortablen Zugriff auf die Bilddaten. Dazu wurde ein SQL-Datenbanksystem implementiert. Dieses bietet die Möglichkeit, Bilddaten auf einem Netzwerklaufwerk zu speichern und die Verknüpfungen in einer Datenbanktabelle zu verwalten. Weitere Tabellen stehen zur Speicherung von Asservatnummern, Merkmalen und Vergleichsergebnissen zur Verfügung. Jedem Bild ist dabei eine Asservatnummer zugeordnet, sodass Bilder unterschiedlicher Beleuchtung einer Hülse zugeordnet werden können. Es besteht die Möglichkeit, die Daten der Tabellen intuitiv mit Hilfe einer jeweils angepassten Benutzeroberfläche zu verändern. Die Funktionen zur Beeinflussung der Tabellen sind über Schnittstellen anderer Softwaremodulen zugänglich.

Dadurch wird die Anforderung des schnellen Zugriffs auf die Datensammlung sowie die Netzwerkfähigkeit des Systems realisiert.

Die systematische Organisation der umfangreichen Bilddaten in einer Datenbank ermöglicht eine Automatisierung der Evaluation von Algorithmen. Es wurden Funktionen realisiert, die, per Menü auswählbar, parallel auf allen Kernen eines Prozessors auf sämtliche Bilder einer Datenbank geeignete Bildverarbeitungsalgorithmus anwenden und die Ergebnisbilder in einer weiteren Datenbanktabelle

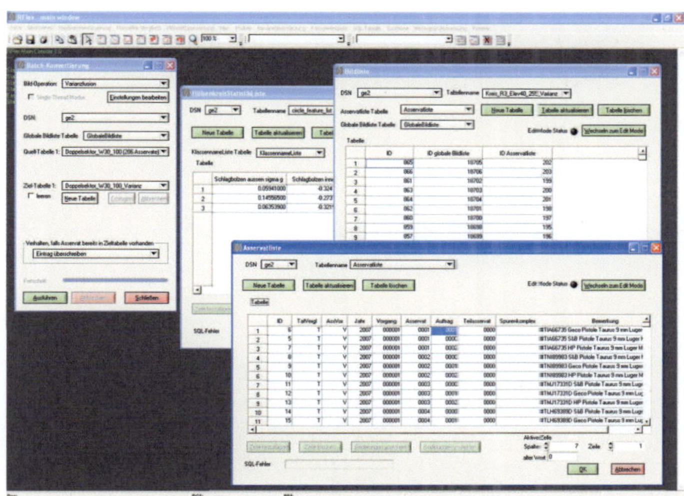

Bild B.6: Ansicht der Benutzeroberflächen zur Verwaltung der unterschiedlichen Datenbanktabellen.

ablegen. Dadurch ist es schnell und flexibel möglich, Parameterstudien durchzuführen. Des Weiteren wird das Vergleichssystem sehr gut mit Hilfe neueren Prozessoren mit einer größeren Anzahl von Rechenkernen skalierbar.

B.4 Visueller Vergleich

Kriminaltechniker arbeiten beim visuellen Vergleich mit sogenannten Vergleichsmakroskopen, bei denen die Strahlengänge zweier Makroskope in einem Okular zusammengeführt werden. Über eine verschiebbare Trennlinie können die zusammengehörenden Spuren direkt neben einander betrachtet und für Gerichtsgutachten fotografiert werden.

Es wurde eine Softwareerweiterung realisiert, die eine ähnliche Funktionalität für in der Datenbank gespeicherte Bilder bietet. Die beiden zu vergleichenden Bilder sind hinsichtlich Position, Winkel und Skalierung beliebig platzierbar. Zudem kann der dargestellte Bereich des Bildes verkleinert werden. Weiterhin besteht die Möglichkeit, die Bilder transparent darzustellen und unterschiedlich einzufärben. In Bild B.7 ist eine Ansicht dieses Softwaremoduls sehen.

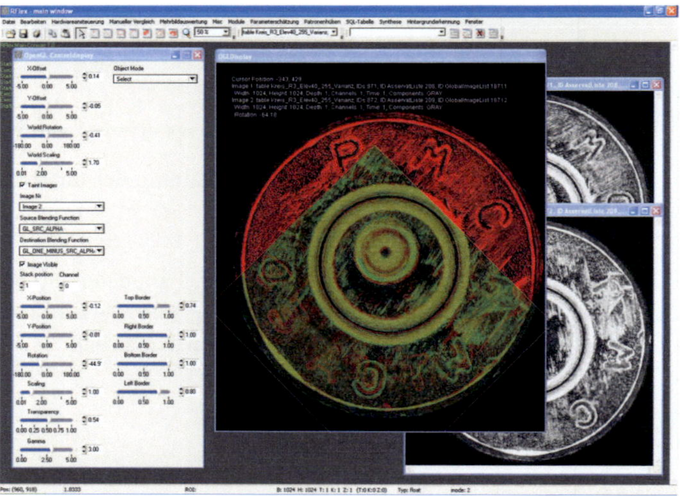

Bild B.7: Ansicht des visuellen Vergleichs. Die Bilder können flexibel gedreht, skaliert, verschoben sowie überblendet werden.

C Bildverbesserung

C.1 Erhöhung des Dynamikumfangs

Durch Aufnahme einer Serie von Bildern bei unterschiedlichen Belichtungszeiten oder Blendenstufen erhält man Bilder, in denen jeder Teil des Bildes mindestens einmal ausreichend gut belichtet ist. Durch Berechnung des meist nichtlinearen Ansprechverhaltens des Kamerasensors können die Bilder zu einem Bild erweiterten Dynamikumfangs (*High Dynamic Range Image*, HDRI) fusioniert werden. Anschließend kann das Bild bei Bedarf über eine Tonwertkurve in ein Bild niedrigen Dynamikumfangs (*Low Dynamic Range Image*, LDRI) berechnet werden, um es auf herkömmlichen Bildschirmen darstellen zu können [Reinhard 2005].

Ein Beispiel für die Anwendung einer Aufnahme des Bodens einer Patronenhülse ist in Bild C.1 zu sehen. Dabei wurde ein einfacheres Verfahren, *Dynamic Range Increase* (DRI), verwendet, das direkt ein Bild niedrigen Dynamikumfangs zurückgibt. Dazu wurde die Software *Traumflieger-DRI-Tool* [Gross 2008] genutzt.

Sowohl das Glanzlicht im Grund des Schlagbolzeneindrucks als auch die etwas dunkleren Bereiche in Vertiefungen werden im DRI-Bild C.1 detailreich dargestellt.

Dieses Verfahren könnte vorteilhaft die bisherige Bilderfassung erweitern. Die Vorteile durch Erweiterung des Dynamikumfangs wirken sich gerade bei der Aufnahme der metallisch glänzenden Oberflächen der Patronenhülsen positiv aus. In den nachfolgenden Algorithmen könnte direkt auf den HDRI-Bildern gearbeitet werden. Dadurch würde die nicht notwendige, verlustbehaftete Umwandlung in LDRI wegfallen.

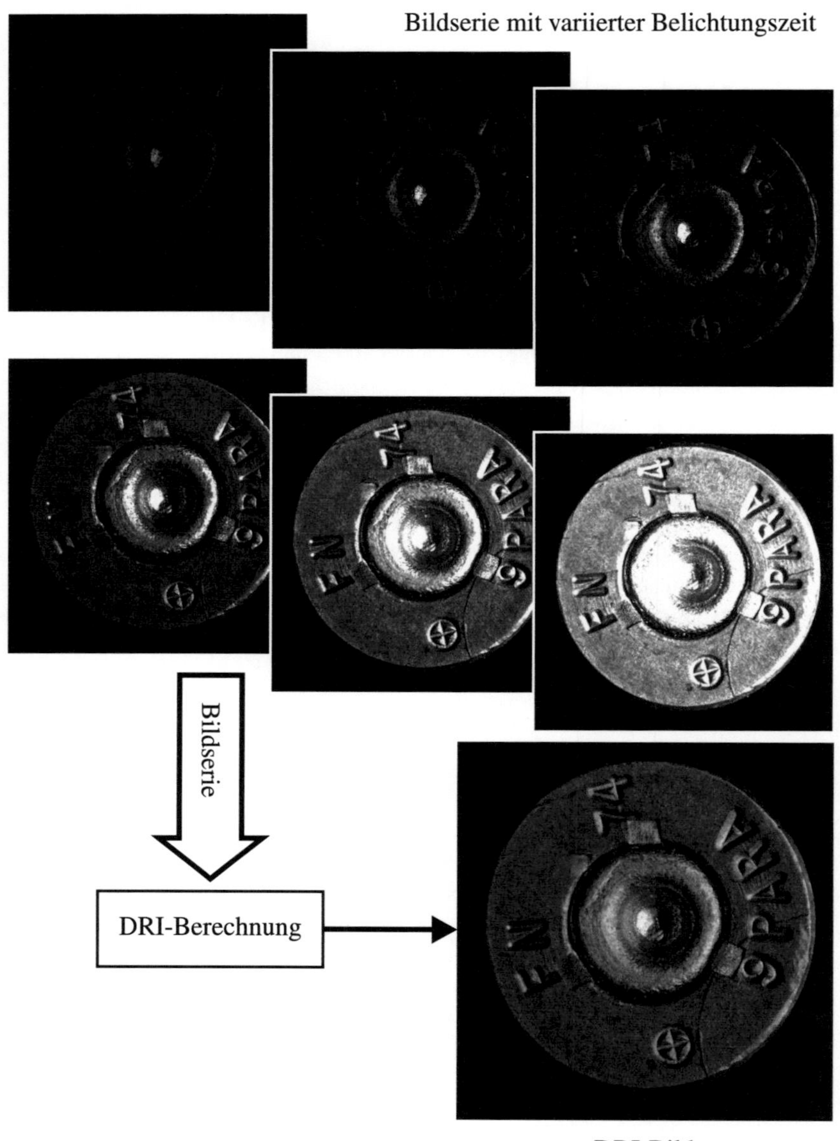

Bild C.1: Beispiel für die Anwendung von *Dynamic Range Increase* (DRI) auf die Bilderserie einer Patronenhülse. Die hellen wie auch die dunklen Bereiche werden im Ergebnisbild ausgewogen dargestellt.

Literaturverzeichnis

Aitken 1935

AITKEN, Alexander C.: On Least Squares and Linear Combinations of Observations. In: *Proceedings of the Royal Society of Edinburgh* Bd. 55, 1935, S. 42–48

Basca u. a. 2005

BASCA, C.A. ; TALOS, M. ; BRAD, R.: Randomized Hough Transform for Ellipse Detection with Result Clustering. In: *Computer as a Tool, 2005. EUROCON 2005.The International Conference on* 2 (2005), S. 1397–1400

Beauchamp u. Roberge 2007

BEAUCHAMP, Alain ; ROBERGE, Danny: Model of the Behavior of the IBIS Correlation Scores in a Large Database of Cartridge Cases / Forensic Technology WAI Inc. Version: 2007. http://www.forensictechnologyinc.com/d4.html. 2007. – Forschungsbericht

BKA 2005

BKA: *Schusswaffen-Systembestimmung / SYBE*. 17. Oktober 2005. 65173 Wiesbaden: Bundeskriminalamt, Oktober 2005

Bock u. a. 1989

BOCK, G. ; WEIGEL, W. ; SEITZ, Georg ; HABERSBRUNNER, Heinz: *Handbuch der Faustfeuerwaffen*. 8. Melsungen : Neumann-Neudamm, 1989. – ISBN 3-7888-0497-1

Bosch 1998

BOSCH, Karl: *Statistik-Taschenbuch*. Oldenburg, 1998. – ISBN 3-486-24670-4

Braga u. Pierce 2004

BRAGA, Anthony A. ; PIERCE, Glenn L.: Linking Crime Guns: The Impact of Ballistics Imaging Technology on the Productivity of the Boston Police Department's Ballistics Unit. In: *Journal of Forensic Sciences* 49 (2004), July, Nr. 4, S. 701–706

Brein 2005a

BREIN, Christoph: Model-Based Segmentation of Impression Marks. In:

N.N. (Hrsg.) ; ENFSI (Veranst.): *Proceedings of the Fifth European Meeting for Shoeprint/Toolmark Examiners (SPTM 2005)* ENFSI, 2005

Brein 2005b

BREIN, Christoph: Segmentation of cartridge cases based on illumination and focus series. In: SAID, Amir (Hrsg.) ; APOSTOLOPOULOS, John G. (Hrsg.): *Image and Video Communications and Processing 2005* Bd. 5685, SPIE, 2005, S. 228–238

Brein 2007a

BREIN, Christoph: Klassifikation von Stoßbodenspuren auf Patronenhülsen. In: HENNING, Bernd (Hrsg.): *XXI. Messtechnisches Symposium des Arbeitskreises der Hochschullehrer für Messtechnik e.V. (AHMT)*. Aachen : Shaker-Verlag, 2007, S. 40–53

Brein 2007b

BREIN, Christoph: Verfahren für den automatisierten Vergleich kriminaltechnisch relevanter Spuren auf Patronenhülsen. In: *GMA-Kongress 2007 Automation im gesamten Lebenszyklus* Bd. 1980 VDI, VDI/VDE-Gesellschaft, 2007, S. 319–328

Brigham 1989

BRIGHAM, E. O.: *FFT : schnelle Fourier-Transformation*. 4. Oldenbourg, 1989

Bronstein u. a. 1999

BRONSTEIN, I.N. ; SEMENDJAJEW, K.A. ; MUSIOL, G. ; MÜHLIG, H.: *Taschenbuch der Mathematik*. Verlag Harri Deutsch, 1999

Burrard 1965

BURRARD, Gerald: *Schusswaffen und Munition kriminalistisch untersucht*. Neumann- Neudamm Verlag, 1965. – Englische Erstauflage „The Identification of Firearms and Forensic Ballistics" aus dem Jahr 1934.

Canny 1986

CANNY, John: A Computational Approach to Edge Detection. In: *IEEE Transactions on Pattern Analysis and Machine Intelligence* 8 (1986), Nr. 6, S. 679–698

Chambon u. Crouzil 2004

CHAMBON, Sylvie ; CROUZIL, Alain: Towards correlation-based matching algorithms that are robust near occlusions. In: *Proceedings of the 17th International Conference on Pattern Recognition* Bd. 3, 2004, S. 20–23

Chen u. Chung 2001

CHEN, Teh-Chuan ; CHUNG, Kuo-Liang: An Efficient Randomized Algorithm for Detecting Circles. In: *Computer Vision and Image Understanding: CVIU* 83 (2001), Nr. 2, S. 172–191

Chiu u. Liaw 2006

CHIU, Shih-Hsuan ; LIAW, Jiun-Jian: A Proposed Circle/Circular Arc Detection Method Using the Modified Randomized Hough Transform. In: *Journal of the Chinese Institute of Engineers* 29 (2006), Nr. 3, S. 533–538

CIP 2001

CIP: *Tableaux -TDCC*. Version 2001. 45, rue FOND-des-TAWES 45, B-4000 Liege, Belgique: Commission International permanente Pour l'Epreuve des Armes à Feu portatives, 2001. – Deutsche Übersetzung des Beschussamts Wien

Cui u. Tan 2005

CUI, J. W. ; TAN, J. B.: A circle contour measurement technique based on randomized Hough transform using gradient information. In: *Key Engineering Materials* 295–296 (2005), S. 277–282

Dillon Jr. 2005

DILLON JR., John H.: BulletTRAX-3D, MatchPoint Plus and the Firearms Examiner / Forensic Technology WAI Inc. Version: 2005. `http://www.forensictechnologyinc.com/d4.html`. 2005. – Forschungsbericht

Duda u. a. 2000

DUDA, R. O. ; HART, P. E. ; STORK, D. G.: *Pattern Classification*. 2. Wiley-Interscience Publication, 2000

Duda u. Hart 1972

DUDA, Richard O. ; HART, Peter E.: Use of the Hough Transformation to Detect Lines and Curves in Pictures. In: *Comm. ACM* 15 (1972), January, S. 11–15

Educational Fund to Stop Gun Violence 2004

EDUCATIONAL FUND TO STOP GUN VIOLENCE: Cracking the Case: The Crime-Solving Promise of Ballistic Identification / Coalition to Stop Gun Violence. Version: June 2004. `http://www.forensictechnologyinc.com/d4.html`. 2004. – Forschungsbericht

Edwards 2005

EDWARDS, Rocky: Case Study: Fighting Gang Violence with 500 Hits / Forensic Technology WAI Inc. Version: 2005. `http://www.forensictechnologyinc.com/d4.html`. 2005. – Forschungsbericht

Felzenszwalb u. Huttenlocher 2004

FELZENSZWALB, Pedro F. ; HUTTENLOCHER, Daniel P.: Efficient Graph-Based Image Segmentation. In: *International Journal of Computer Vision* 59 (2004), September, Nr. 2, S. 167–181

Fischler u. Bolles 1981

FISCHLER, M.A. ; BOLLES, R.C.: Random Sample Consensus: A Paradigm for Model Fitting with Applications to Image Analysis and Automated Cartography. In: *CACM* 24 (1981), June, Nr. 6, S. 381–395

Forensic Technology 2003

FORENSIC TECHNOLOGY: Segmenting Tool Mark Image Reference Files (TMIRF) To Identify Crime Guns More Effectively / Forensic Technology WAI Inc. Version: 2003. `http://www.forensictechnologyinc.com/d4.html`. 2003. – Forschungsbericht

Forensic Technology 2004a

FORENSIC TECHNOLOGY: BRASSTRAX™: Overcoming Barriers to the Efficient Processing of Evidence Associated with Firearm-related Crime / Forensic Technology WAI Inc. Version: 2004. `http://www.forensictechnologyinc.com/d4.html`. 2004. – White Paper

Forensic Technology 2004b

FORENSIC TECHNOLOGY: Success Story Book 2003 / Forensic Technology WAI Inc. Version: 2004. `http://www.forensictechnologyinc.com/d4.html`. 2004. – Forschungsbericht

Forensic Technology 2005

FORENSIC TECHNOLOGY: Case Study: The Boston Gun Project and Operation Ceasefire / Forensic Technology WAI Inc. Version: 2005. `http://www.forensictechnologyinc.com/d4.html`. 2005. – Forschungsbericht

Forensic Technology 2007

FORENSIC TECHNOLOGY: Forensic case study: Trinidad & Tobago / Forensic Technology WAI Inc. Version: 2007. `http://www.forensictechnologyinc.com/d4.html`. 2007. – Forschungsbericht

Forensic Technology u. the Stockton Police Dept. 2007
FORENSIC TECHNOLOGY ; THE STOCKTON POLICE DEPT.: Cambodian Street Gangs - A Case Study of Six Crime Guns in Stockton / Forensic Technology WAI Inc. Version: 2007. http://www.forensictechnologyinc.com/d4.html. 2007. – Forschungsbericht

Gagliardi 2008
GAGLIARDI, Pete: Regional Crime Gun Processing Protocols Can Help Police Link More Crimes, Guns and Suspects / Forensic Technology WAI Inc. Version: 2008. http://www.forensictechnologyinc.com/d4.html. 2008. – Forschungsbericht

Gagliardi u. Leary 2005
GAGLIARDI, Pete ; LEARY, Richard: Crime Solving Benefits / Forensic Technology WAI Inc. Version: 2005. http://www.forensictechnologyinc.com/d4.html. 2005. – Forschungsbericht

Geradts 1999
GERADTS, Zeno J.: Correlation techniques for cartridge cases. In: *AFTE-Journal* May (1999), S. 120–134

Geradts 2002
GERADTS, Zeno J.: *Content-Based Information Retrieval from Forensic Image Databases*. Nederlands, Universiteit Utrecht, Diss., 2002

Geradts u. Bijhold 2001
GERADTS, Zeno J. ; BIJHOLD, Jurrien: New developments in forensic image processing and pattern recognition. In: *Science and Justice* 41 (2001), Nr. 3, S. 159–166

Geradts u. a. 1999
GERADTS, Zeno J. ; BIJHOLD, Jurrien ; HERMSEN, Rob: Pattern recognition in a database of cartridge cases. In: HIGGINS, Kathleen (Hrsg.): *Proceedings of the SPIE Investigation and Forensic Science Technologies* Bd. 3576, SPIE, 1999, S. 104–115

Geradts u. a. 2001a
GERADTS, Zeno J. ; BIJHOLD, Jurrien ; HERMSEN, Rob ; MURTAGH, Fionn D.: Image matching algorithms for breech face marks and firing pins in a database of spent cartridge cases of firearms. In: *Forensic Science International* 119 (2001), S. 97–106

Geradts u. a. 2001b

> GERADTS, Zeno J. ; BIJHOLD, Jurrien ; HERMSEN, Rob ; MURTAGH, Fionn D.: Image matching algorithms for breech face marks and firing pins in a database of spent cartridge cases of firearms. In: *Proc. SPIE* 4232 (2001), S. 545–552

Gross 2008

> GROSS, Stefan: *Traumflieger-DRI-Tool.* Traumflieger Fotographics, Sülldorfer Landstr. 128, 22589 Hamburg. `http://traumflieger.de/`. Version: 03 2008. – V0.9.4

Guo u. a. 2006

> GUO, Si-Yu ; ZHANG, Xu-Fang ; ZHANG, Fan: Adaptive Randomized Hough Transform for Circle Detection using Moving Window. In: *Machine Learning and Cybernetics, 2006 International Conference on*, 2006, S. 3880–3885

Hartley u. Zisserman 2003

> HARTLEY, Richard ; ZISSERMAN, Andrew: *Multiple View Geometry in Computer Vision.* 2. University Press, Cambridge, 2003

Heizmann 2004

> HEIZMANN, Michael: *Auswertung von forensischen Riefenspuren mittels automatischer Sichtprüfung*, Universität Karlsruhe (TH), Dissertation, 2004

Heymann 2006

> HEYMANN, Johannes P.: *Das grosse Schusswaffen-Werkbuch.* Motorbuch-Verlag, 2006

Hough 1962

> HOUGH, Paul: *Method and Means for Recognizing Complex Patterns.* U.S. Patent 3,069,654, 1962

Huber 1964

> HUBER, Peter J.: Robust Estimation of a Location Parameter. In: *Annals of Mathethatical Statistics* 35 (1964), Nr. 1, S. 73–101

Jähne 2002

> JÄHNE, Bernd: *Digitale Bildverarbeitung.* Springer, Berlin, 2002

Kalviainen u. a. 1995

> KALVIAINEN, H. ; P.HIRVONEN ; XU, Lei ; E.OJA: Probabilistic and Non-probabilistic Hough Transforms: Overview and Comparisons. In: *Image and Vision Computing* 5 (1995), Nr. 4, S. 239–252

Kaneko u. a. 2003

KANEKO, Shunichi ; SATOH, Yutaka ; IGARASHI, Satoru: Using selective correlation coefficient for robust image registration. In: *Pattern Recognition* 36 (2003), May, S. 1165–1173

Kühn u. a. 2007

KÜHN, Olaf ; LINSS, Gerhard ; TÖPFER, Susanne ; NEHSE, Uwe: Robust and accurate fitting of geometrical primitives to image data of microstructures. In: *Measurement science and education in the Internet era* 40 (2007), February, S. 129–144

Kiryati u. a. 1991

KIRYATI, N. ; ELDAR, Y. ; BRUCKSTEIN, A. M.: A probabilistic Hough transform. In: *Pattern Recogn.* 24 (1991), Nr. 4, S. 303–316

Kiryati u. a. 2000

KIRYATI, Nahum ; KÄLVIÄINEN, Heikki ; ALAOUTINEN, Satu: Randomized or probabilistic Hough transform: unified performance evaluation. In: *Pattern Recognition Letters* 21 (2000), S. 1157–1164

Kolditz 2008

KOLDITZ, Melanie: *Segmentierung von Patronenhülsen*, Insitut für Mess- und Regelungstechnik, Universität Karlsruhe, Studienarbeit, 2008

Kong u. a. 2003

KONG, Jun ; LI, D.G. ; WATSON, A. C.: A Firearm Identification System Based on Neural Network. In: *16th Australian Conference on AI* Bd. 2903/2003. School of Computer and Information Science Edith Cowan University 2 Bradford Street, Mount Lawley 6050, Perth, Western Australia : Springer Berlin / Heidelberg, 2003, S. 315–326

Kulpa 1979

KULPA, Zenon: On The Properties of Discrete Circles, Rings, and Discs. In: *Computer Grafics and Image Processing* 10 (1979), Nr. 4, S. 348–365

Kultanen u. a. 1990

KULTANEN, P. ; XU, L. ; OJA, E.: Randomized Hough transform (RHT). In: *Pattern Recognition, 1990. Proceedings., 10th International Conference on* 1 (1990), S. 631–635

Lan u. a. 1995

LAN, Zhong-Dan ; MOHR, Roger ; REMAGNINO, P.: Robust matching by partial correlation. In: *Proceedings of the British Machine Vision Conference*, 1995, S. 651–660

Li 2003

LI, Dongguang: Image processing for the positive identification of forensic ballistics specimens. In: *Proceedings of the Sixth International Conference of Information Fusion* Bd. 2. School of Computer and Information Science Edith Cowan University 2 Bradford Street, Mount Lawley 6050, Perth, Western Australia : IEEE, 2003, 1494–1498

Li 2006a

LI, Dongguang: Ballistics Projectile Image Analysis for Firearm Identification. In: *IEEE Transactions on Image Processing* 15 (2006), 10, S. 2857–2865

Li 2006b

LI, Dongguang: A New Approach for Firearm Identification with Hierarchical Neural Networks Based on Cartridge Case Images. In: *Cognitive Informatics, 2006. ICCI 2006. 5th IEEE International Conference on* 2 (2006), July, S. 923–928

Li 2008

LI, Dongguang: Firearm Identification System Based on Ballistics Image Processing. In: *Image and Signal Processing, 2008. CISP '08. Congress on* 3 (2008), May, S. 149–154

Li u. a. 2002

LI, Dongguang ; ZHAO, Chunnong ; WATSON, A.: An Image Database for Firearms Identification based on Images of Cartridge Case and Projectile. In: YOUNAN, N. (Hrsg.): *Proceedings of the 4th IASTED International Conference on Signal and Image Processing*. School of Computer and Information Science Edith Cowan University 2 Bradford Street, Mount Lawley 6050, Perth, Western Australia : AVCTA Press, 2002, 615–620

Lowe 2004

LOWE, David G.: Distinctive image features from scale-invariant keypoints. In: *International Journal of Computer Vision* 60 (2004), Nr. 2, S. 91–110

Matthews 1975

MATTHEWS, B.W.: Comparison of the predicted and observed secondary structure of T4 phage lysozyme. In: *Biochimica et biophysica acta* 405 (1975), S. 442–451

McLaughlin 1996

MCLAUGHLIN, R.A.: Randomized Hough transform: better ellipse detection. In: *TENCON '96. Proceedings. 1996 IEEE TENCON. Digital Signal Processing Applications* 1 (1996), S. 409–414

NanoFocus AG 2007

NANOFOCUS AG: *μsurf explorer – Berührungsloses 3D-Oberflächen-Messsystem.* NanoFocus AG, D-46149 Oberhausen : www.nanofocus.de, November 2007

NanoFocus AG 2008

NANOFOCUS AG: *NanoFocus AG baut Geschäft mit dem Weltmarktführer im Forensikbereich weiter aus.* Pressemitteilung. www.nanofocus.de. Version: 23.07. 2008

Nennstiel u. Rahm 2006a

NENNSTIEL, Ruprecht ; RAHM, Joachim: An Experience Report Regarding the Performance of the IBIS™Correlator. In: *Journal of Forensic Sciences* 51 (2006), S. 24–30

Nennstiel u. Rahm 2006b

NENNSTIEL, Ruprecht ; RAHM, Joachim: A Parameter Study Regarding the IBIS™Correlator. In: *Journal of Forensic Sciences* 51 (2006), S. 18–23

Ogundana u. a. 2007

OGUNDANA, Olatokunbo O. ; COGGRAVE, C. R. ; BURGUETE, Richard L. ; HUNTLEY, Jonathan M.: Fast Hough transform for automated detection of spheres in three-dimensional point clouds. In: *Optical Engineering* 46 (2007), May, Nr. 5, S. 051002–1–051002–11

Papoulis 1984

PAPOULIS, Athanasios: *Probability, Random Variables, and Stochastic Processes.* 2. McGraw-Hill Inc., 1984

Princen u. a. 1989

PRINCEN, J. ; YUEN, H.K. ; ILLINGWORTH, J. ; KITTLER, J.: A comparison of Hough transform methods. In: *Image Processing and its Applications, 1989., Third International Conference on,* 1989, 73–77

Puente León 1999

PUENTE LEÓN, Fernando: *Automatische Identifikation von Schußwaffen.* Düsseldorf, Universität Karlsruhe (TH), Dissertation, 1999

Reinhard 2005

REINHARD, Erik: *High Dynamic Range Imaging.* Morgan Kaufmann, 2005. – ISBN13: 978-0125852630

Roberge u. Beauchamp 2006

ROBERGE, Danny ; BEAUCHAMP, Anain: The Use of BulletTRAX-3D in a

Study of Consecutively Manufactured Barrels. In: *AFTE-Journal* 38 (2006), Spring, Nr. 2, S. 166–172

Rosenfeld u. Pfaltz 1966

ROSENFELD, Azriel ; PFALTZ, John L.: Sequential Operations in Digital Picture Processing. In: *Journal of the ACM* 13 (1966), Nr. 4, S. 471–494. – ISSN:0004-5411

Russ 1999

RUSS, John C.: *The Image Processing Handbook*. 3. Heidelberg : Springer-Verlag, 1999

Schmid 2001

SCHMID, Henrik: *Automatisierte Klassifikation von Oberflächen mittels Neuronaler Netze und Fuzzy-Logik*, Universität Stuttgart, Diss., 2001

Schuster u. Katsaggelos 2004

SCHUSTER, G.M. ; KATSAGGELOS, A.K.: Robust circle detection using a weighted MSE estimator. In: *Image Processing, 2004. ICIP '04. 2004 International Conference on* 3 (2004), S. 2111–2114

Senin u. a. 2006

SENIN, Nicola ; GROPPETTI, Roberto ; GAROFANO, Luciano ; FRATINI, Paolo ; PIERNI, Michele: Three-Dimensional Surface Topography Acquisition and Analysis for Firearm Identification. In: *Journal of Forensic Sciences* 51 (2006), S. 282–295

Skinner u. a. 2008

SKINNER, Keith ; FIDO, Martin ; MOSS, Alan: *The Development of Ballistics*. http://www.historybytheyard.co.uk/pc_gutteridge.htm. Version: 2008

Smith 1997

SMITH, Clifton L.: Fireball: a forensic ballistics imaging system. In: *IEEE 31st Annual 1997 International Carnahan Conference on Security Technology*. School of Computer and Information Science Edith Cowan University 2 Bradford Street, Mount Lawley 6050, Perth, Western Australia : IEEE, 1997, S. 64–70

Smith 2001a

SMITH, Clifton L.: An intelligent imaging approach to the identification of forensic ballistics specimens. In: *Proceedings of the International Conferences on Info-tech and Info-net 2001* Bd. 3. School of Computer and Information Science Edith Cowan University 2 Bradford Street, Mount Lawley 6050, Perth, Western Australia : IEEE, 2001, S. 390–396

Smith 2001b

SMITH, Clifton L.: Multi-dimensional cluster analysis of class characteristics for ballistics specimen identification. In: *IEEE 35th International Carnahan Conference on Security Technology.* School of Computer and Information Science Edith Cowan University 2 Bradford Street, Mount Lawley 6050, Perth, Western Australia : IEEE, 2001, S. 115–121

Smith u. Cross 1995

SMITH, Clifton L. ; CROSS, J. M.: Optical imaging techniques for ballistics specimens to identify firearms. In: *IEEE 29th Annual 1995 International Carnahan Conference on Security Technology.* School of Computer and Information Science Edith Cowan University 2 Bradford Street, Mount Lawley 6050, Perth, Western Australia : IEEE, 1995, S. 275–289

Soffer u. Kiryati 1998

SOFFER, Menashe ; KIRYATI, Nahum: Guaranteed Convergence of the Hough Transform. In: *Computer Vision and Image Understanding: CVIU* 69 (1998), Nr. 2, S. 119–134

Stiller 2006

STILLER, Christoph: *Grundlagen der Mess- und Regelungstechnik.* Shaker Verlag, 2006 (Steuerungs- und Regelungstechnik)

Stritt 2008

STRITT, Stefan: *Klassifikation von Kreisstrukturen auf Patronenhülsen*, Insitut für Mess- und Regelungstechnik, Universität Karlsruhe, Diplomarbeit, 2008

Tobin, Jr. 2004

TOBIN, JR., John J.: MB-IBIS progress report 2 / Maryland State Police Forensic Sciences Devision. Version: 2004. `www.ocshooters.com/` `Reports/cobis/cobis.htm`. 2004. – Report

Xin u. a. 2004

XIN, Binjian ; HEIZMANN, Michael ; KAMMEL, Sören ; STILLER, Christoph: Bildfolgenauswertung zur Inspektion geschliffener Oberflächen. In: *tm – Technisches Messen* 71 (2004), April, Nr. 4, S. 218–226

Xin u. a. 2000

XIN, Le-Ping ; ZHOU, Jie ; RONG, Gang: A cartridge identification system for firearm authentication. In: *5th International Conference on Signal Processing Proceedings* Bd. 2. Dept. of Autom., Singhua Univ., Beijing; : IEEE, 2000, S. 1405–1408

Xu u. Oja 1993

XU, Lei ; OJA, E.: Randomized Hough Transform (RHT): Basic Mechanisms, Algorithms and Complexities. In: *Computer Vision, Graphics, and Image Processing : Image Understanding* 57 (1993), Nr. 2, S. 131–154

Xu u. a. 1990

XU, Lei ; OJA, E. ; KULTANEN, P.: A new curve detection method: Randomized Hough Transform (RHT). In: *Pattern Recognition Letters* 11 (1990), Nr. 5, S. 331–338

Ylä-Jääski u. Kiryati 1994

YLÄ-JÄÄSKI, A. ; KIRYATI, N.: Adaptive termination of voting in the probabilistic circular Hough transform. In: *Pattern Analysis and Machine Intelligence, IEEE Transactions on* 16 (1994), Nr. 9, S. 911–915

Yuen u. a. 1990

YUEN, H. K. ; PRINCEN, J. ; ILLINGWORTH, J. ; KITTLER, J.: Comparative study of Hough transform methods for circle finding. In: *Image Vision Comput.* 8 (1990), Nr. 1, S. 71–77

Zhang 1997

ZHANG, Zhengyou: Parameter Estimation Techniques: A Tutorial with Application to Conic Fitting / INRIA France. Version: 1997. `http://Citeseer.Nj.Nec.Com/Article/Zhang97parameter.Htm`. INRIA France, 1997 (RR-2676). – Forschungsbericht. – 44 p. S.

Zhao u. a. 2002

ZHAO, Chunnong ; LI, Dongguang ; WATSON, A.: Image Pre-Processing for a Firearm Identification System. In: YOUNAN, N. (Hrsg.): *Proceedings of the 4th IASTED International Conference on Signal and Image Processing*. School of Computer and Information Science Edith Cowan University 2 Bradford Street, Mount Lawley 6050, Perth, Western Australia : AVCTA Press, 2002, S. 339–341

Zhou u. a. 2001a

ZHOU, Jie ; XIN, Le ping ; GAO, Da shan ; ZHANG, Chang shui ; ZHANG, David: Automated Cartridge Identification for Firearm Authentication. In: *cvpr* 01 (2001), S. 749

Zhou u. a. 2001b

ZHOU, Jie ; XIN, Le ping ; RONG, Gang ; ZHANG, David: Algorithm of automatic cartridge identification. In: *Optical Engineering* Bd. 40, SPIE, 2001, S. 2860–2865